科普资源配置及
共享的理论与实践

何 丹 著

北 京
冶 金 工 业 出 版 社
2013

内 容 简 介

本书介绍了科普资源的相关理论,对科普资源的开发与共享等进行了系统性的阐述。主要从三个方面对科普资源配置和共享进行了介绍,通过对科普资源的现状评价,用评价结果指导实践,优化科普资源配置,有效提高科普资源共享率。

本书可作为科研机构、高校、博物馆、科技馆和高科技企业等科普资源机构的工作人员参考书。

图书在版编目(CIP)数据

科普资源配置及共享的理论与实践/何丹著 . —北京:
冶金工业出版社,2013.6
ISBN 978-7-5024-6310-6

Ⅰ.①科…　Ⅱ.①何…　Ⅲ.①科学普及—资源配置
—研究　Ⅳ.①N4

中国版本图书馆 CIP 数据核字(2013)第 121013 号

出 版 人　谭学余
地　　址　北京北河沿大街嵩祝院北巷 39 号,邮编 100009
电　　话　(010)64027926　电子信箱　yjcbs@ cnmip. com. cn
责任编辑　杨盈园　美术编辑　彭子赫　版式设计　孙跃红
责任校对　禹 蕊　责任印制　张祺鑫
ISBN 978-7-5024-6310-6
冶金工业出版社出版发行;各地新华书店经销;北京百善印刷厂印刷
2013 年 6 月第 1 版,2013 年 6 月第 1 次印刷
148mm×210mm;5.25 印张;154 千字;158 页
20.00 元
冶金工业出版社投稿电话:(010)64027932　投稿信箱:tougao@cnmip. com. cn
冶金工业出版社发行部　电话:(010)64044283　传真:(010)64027893
冶金书店　地址:北京东四西大街 46 号(100010)　电话:(010)65289081(兼传真)
(本书如有印装质量问题,本社发行部负责退换)

前　言

科普资源配置及共享问题是科普资源研究的重要组成部分，通过对科普资源的配置和共享评价，提高科普资源的配置水平，扩大科普资源共享平台，是充分利用科普资源的有效途径。

本书介绍了科普资源的相关理论，对科普资源配置进行评价，可以了解现有科普资源的配置水平，进而开发新科普资源，提高科普资源的利用率；对科普资源的共享进行评价，可以明确科普资源价值发挥水平，按照相关优化标准建立共享平台，以便更好地促进社会科普资源的共享力度；对科普资源的配置和共享等有效性进行评价，可以明确科普资源使用情况，对投入冗余的部分进行删减，对产出不足的部分，提高效率。通过对科普资源的现状评价，用评价结果指导实践，优化科普资源配置，有效提高科普资源共享率。

第一，通过建立北京市科普资源配置评价指标体系，运用模糊综合评判法对各级指标赋权，评价北京市各区县科普资源配置水平。基于数据包络分析理论，对北京市各区县科普资源投入和产出做有效性评价，获得各区县的技术有效性、纯技术有效性和规模效率。

第二，从科普资源共享的角度，基于合作博弈理论的非合作方法，运用纳什谈判模型，分别从两人合作、多人合作角度出发建立科普资源共享投资成本分摊模型。

第三，基于 Vague 集理论，结合模糊多属性决策的 TOPSIS

法，对科普资源巡展共享进行效果评价。通过实例说明，这种基于 Vague 集的 TOPSIS 方法在科普巡展效果评价应用中的有效性和优越性。

最后，在科普资源共享机制建设方面，介绍了北京科普资源共享服务平台及北京科普资源联盟，总结了北京市科普资源共享机制建设的成效，并在此基础上提出了北京科普资源共享机制建设的政策建议。在本书中出现的一些统计数据取至时间至2010 年。

由于作者水平所限，书中不妥之处，敬请读者批评指正。

作　者
2013 年 5 月

目　　录

第一章　绪论 ………………………………………………………… 1

第一节　科普资源配置及共享问题研究的背景和意义 ………… 1
一、研究背景 ……………………………………………………… 1
二、研究意义 ……………………………………………………… 2
第二节　研究内容和技术路线 …………………………………… 3
一、研究内容 ……………………………………………………… 3
二、研究技术路线图 ……………………………………………… 4

第二章　研究现状综述 …………………………………………… 5

第一节　科普资源的定义及特点 ………………………………… 5
一、科普资源的界定 ……………………………………………… 5
二、科普资源的属性及特点 ……………………………………… 11
第二节　科普资源开发的含义和模式 …………………………… 11
一、科普资源开发及相关概念 …………………………………… 12
二、科普资源开发模式 …………………………………………… 12
第三节　科普资源共享的内涵及模式 …………………………… 14
一、科普资源共享的内涵 ………………………………………… 14
二、科普资源共享平台内涵及构成 ……………………………… 14
三、科普资源共享的原则 ………………………………………… 15
四、科普资源共享模式 …………………………………………… 16
五、我国科普资源共享运行基本模式 …………………………… 18
第四节　我国科普资源开发与共享中存在的不足 ……………… 22
一、统一指导和规划力度不够 …………………………………… 22
二、开发与共享工作机制不完善 ………………………………… 22
三、科普资源有效利用程度不高 ………………………………… 23

四、缺乏高素质科普人力资源 ……………………………… 23

第三章　北京市科普资源配置状况评价及效率分析 ……… 25

第一节　北京市科普资源现状 ……………………………… 25
一、科普政策资源 …………………………………………… 25
二、科普人力资源 …………………………………………… 26
三、科普信息（产品）资源 ………………………………… 28
四、科普场地资源 …………………………………………… 28
五、科普活动资源 …………………………………………… 29
六、北京市科普资源开发与共享中存在的问题 …………… 32
第二节　北京市科普资源配置状况评价体系 ……………… 34
一、北京市科普资源配置状况评价指标体系的建立 ……… 35
二、北京市各区县科普资源配置状况评价 ………………… 43
三、北京市各区县科普资源配置状况评价结果 …………… 48
第三节　基于 DEA 的北京市科普资源状况效率评价 ………… 52
一、DEA 评价方法介绍 …………………………………… 52
二、DEA 数学模型 ………………………………………… 55
三、实证分析 ………………………………………………… 60

第四章　科普资源共享的投资成本分摊问题 ……………… 71

第一节　科普资源共享的投资成本分摊问题概述 ………… 71
一、科普资源共享投资成本分摊的原则 …………………… 71
二、科普资源共享成本分摊的作用 ………………………… 72
第二节　基于合作博弈理论的成本分摊 …………………… 74
一、博弈论简介 ……………………………………………… 74
二、合作博弈的非合作方法 ………………………………… 75
三、合作博弈理论的常用成本分摊方法 …………………… 75
第三节　基于 Nash 谈判模型的科普资源共享成本分摊 …… 78
一、Nash 谈判模型的原理 ………………………………… 78
二、基于纳什谈判模型的两人合作科普资源共享投资
成本分摊 ………………………………………………… 81

三、基于纳什谈判模型的多人合作科普资源共享投资

成本分摊 ……………………………………………………… 83

四、基于模糊综合评判的谈判能力确定 ………………… 84

第四节　算例分析 ……………………………………………… 87

第五章　科普巡展活动资源共享效果评价 ……………… 93

第一节　Vague 集理论 ………………………………………… 93

一、Vague 的概念及其几何解释 ……………………… 93

二、Vague 的运算规则 ………………………………… 95

三、Vague 集（值）之间的相似度量 ………………… 97

四、Vague 值的排序方法 ……………………………… 100

第二节　基于 Vague 集的模糊多属性决策的 TOPSIS 方法 … 104

一、模糊多属性决策 …………………………………… 104

二、模糊多属性决策的基本模型 ……………………… 105

三、TOPSIS 方法 ……………………………………… 106

四、基于 Vague 集的模糊多属性决策的 TOPSIS 方法 … 109

第三节　基于 Vague 集 TOPSIS 方法的科普巡展活动

效果评价 ……………………………………………… 112

一、评价指标设定与方法选择 ………………………… 113

二、确定各指标的权重 ………………………………… 118

三、构造 Vague 决策矩阵 ……………………………… 122

四、基于 Vague 集的 TOPSIS 方法应用 ……………… 124

第六章　北京市科普资源共享机制建设 ………………… 129

第一节　科普资源共享机制概述 …………………………… 129

一、科普资源共享机制的内涵与构成 ………………… 129

二、科普资源共享机制建设的重要意义 ……………… 131

第二节　北京市科普资源共享机制建设现状 ……………… 133

一、北京科普资源共享服务平台 ……………………… 133

二、北京科普资源联盟 ………………………………… 136

第三节　北京市科普资源共享机制建设的主要成效 ……… 141

一、科普工作社会化大格局初步形成 ……………… 141

二、主题科普活动广泛而扎实开展 ………………… 142

三、科普资源共享长效工作机制逐步建立 ………… 142

四、科普资源共享技术服务平台开通运行 ………… 143

第四节　北京市科普资源共享机制建设的政策建议 ……… 143

一、科普资源共享机制建设的基本思路 …………… 143

二、科普资源共享机制建设的政策建议 …………… 145

参考文献 ……………………………………………… 152

后 记 ………………………………………………… 157

第一章 绪 论

第一节 科普资源配置及共享
问题研究的背景和意义

一、研究背景

当今世界，全球性的经济结构调整速度加快，无论是西方发达国家，还是我国和其他发展中国家，其经济社会的发展都不会像以前那样仅仅依靠尖端科学技术的发展及其产业化，而是同时需要提高全体社会成员的科学素质。

无论是美国的 2061 计划，还是欧盟 2001 年启动的科学与社会行动计划中的"欧洲科学商店"，以及日本推动公众理解科学的"共识会议"，其实施都是基于一定目标的大规模超长期的有组织行为。提高公众科学素质是保证公众参与度的关键，科学素质行动计划要真正成为全社会参与的新的有效计划，这是确保科技政策的合理性，获得国民对政策支持的必要条件。

中国是一个发展中的国家，科学技术还比较落后，中国群众关心的是怎样广泛地传播普及一些行之有效的先进技术，提高社会生产力，创造更多更好的物质财富，使人民尽快富裕起来。公民科学素质普遍不高，已经成为制约我国经济社会发展的瓶颈。数据显示，2007 年，我国公民具备基本科学素养的比例仅为 2.25%，而其他国家公众具备科学素养的比例分别为：美国 12%（1995 年），欧盟 5%（1992 年），加拿大 4%（1989 年），日本 3%（1991 年）。与科学素质不高相应的现象是，我国公民相信迷信的比例相当高，2003 年调查显示，完全相信迷信的比例为 13.3%，是基本具备科学素质比例（1.98%）的 6 倍以上。因此，提高全民科学素质，对于发展创新文化，提高国家竞争力，建设创新型国家，实现经济社会全面协调可持续发展，构建社会主义和谐社会，具有极其重要的意义。

目前，《国家科技发展中长期规划》明确把科普作为重要内容进行全面规划，2006年2月，在"十一五"开局之际，具有重要里程碑意义的《全民科学素质行动计划纲要（2006～2020年)》（以下简称《科学素质纲要》）由国务院正式颁布实施。我国科普工作的软环境进入了历史上最好的时期。但是，真正做好科普工作，发挥科普的功能，还需要硬环境的支撑。其中，科普资源开发与共享工程就是最重要的工作之一。

二、研究意义

十七大报告提出促进经济增长方式转变，必须实施5个重点工程，其中包括整合科技资源，服务经济社会。如何在首都北京充分利用科普资源，提高公众科学素质，是目前一个重要的理论与实践课题，具有重要的现实意义。

一个国家的科普能力，集中表现为国家向公众提供科普产品和服务的综合实力。而科普资源既是科普工作的基础和工具，也是提升科普能力的重要因素。

（一）理论意义

当前，对于科技资源开发利用方面的理论研究主要集中在科技资源的区域配置等方面，而对于区域内科普资源配置与共享问题的研究，特别是实证方面的研究还很缺乏。本书正是从这个角度，通过对科普资源配置与共享问题及效果评价的实例进行分析总结，指出了区域内的科普资源配置与共享存在的问题，为科普资源的开发利用提出具有可行性的建议。这是理论研究上的一个新方向，对于科普资源开发利用方面的研究具有重要的意义。

（二）实践意义

科普资源开发与共享的根本目的，在于提高科普资源的利用效率，降低资源开发成本，增强科普公共服务的能力和水平，推动形成社会化科普工作格局，加大科技知识在全社会的传播速度和覆盖广度。

为配合《科学素质纲要》所制定的行动计划，"十一五"期间国家重点实施了科学教育与培训、科普资源开发与共享、大众传媒科技传播能力、科普基础设施四大基础工程。其中，科普资源开发与共享工程的两大任务是：

（1）引导、鼓励和支持科普产品和信息资源的开发，繁荣科普创作；

（2）集成国内外科普信息资源，建立全国科普信息资源共享和交流平台，为社会和公众提供资源支持和公共科普服务。

作为首都，北京相较其他省市有着得天独厚的资源优势，无论从数量上还是从质量上看，均居全国领先地位。一方面，如何有效地整合首都的科普资源，化优势为强势，把北京市科协建设成科普资源开发、集散、共享中心，是摆在我们面前的一个重要课题。另一方面，在初步实践的基础上，总结科普资源科学发展的经验，发现影响和制约科学发展的问题，探讨科普资源共建共享的科学方法，也将成为研究的主要方向。

第二节 研究内容和技术路线

一、研究内容

本书主要研究科普资源配置和共享问题。具体内容和创新点包括以下 3 个部分：

（1）北京市科普资源配置状况评价及效率分析问题。科普财力、物力和人力都是科普资源配置的重要组成部分，本书通过建立北京市科普资源配置状况的评价指标体系，计算北京市各区县科普能力。通过考察财力、人力、物力的投入水平和科普活动等产出水平，建立效率评价模型，通过计算说明北京市各区县科普资源配置使用效率，并对各区县科普资源状况评价进行综合排名。

（2）科普资源共享是节约科普成本的有效途径，通过不同区域的合作，提高资源使用率，降低投资成本。科普资源共享成本的分摊公平合理与否是科普资源共享联盟能否稳定运转的关键，合理的共享成本分摊能够促进各成员间的合作，相反不合理的成本分摊结果可能导致联盟破裂。运用科普资源共享各方的合作博弈性质，在分析各种合作博弈成本和收益分配方法特点基础上，选择运用纳什谈判原理求解科普资源共享成本，并将联盟中各成员对联盟的贡献度考虑在内，分析各成员加入联盟中获得收益的情况。

（3）以科学普及为目的的巡回展览活动越来越多地走进人们的生活，围绕不同主题的系列展览通常在全国范围内的各大城市巡回进行，有效提高资源共享的效果。如何科学地评估科普巡展活动在不同地区资源共享的效果，是首先应当关注和探讨的问题。本书采用基于 Vague 集的 TOPSIS 方法对资源共享方式之一的科普巡展活动效果进行了评价。

二、研究技术路线图

本书通过 3 个方面对科普资源配置及共享问题进行研究，技术路线如图 1-1 所示。

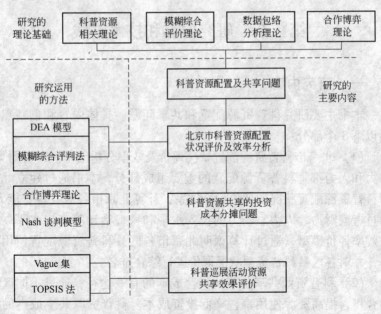

图 1-1　研究的技术路线

第二章 研究现状综述

Abramovitz 于 1956 年建立新古典主义模型，论证资本和劳动力对经济增长的贡献与科学技术对经济增长的贡献相当，提出"科技进步是第一生产力"的结论，邓小平同志于 20 世纪 80 年代将这一论断运用于我国经济建设。科学技术在生产力诸要素中最为活跃，是直接或间接推动经济发展的因素，它渗透到其他要素中去，通过乘数效应，使自身的微小变化对生产力发展产生重大影响，因此越来越多的学者认同"科技资源是第一资源"，同时，它也是科普资源的源头。

第一节 科普资源的定义及特点

一、科普资源的界定

科普资源并没有严格的公认的定义，可以肯定的是，科普资源是一种资源。因此，科普资源的界定要回归其资源属性，要从资源科学的视角对其进行分析和审视。

（一）关于资源的定义

"资源"通常有广义、狭义之分。广义的资源指人类生存发展和享受所需要的一切物质的和非物质的要素，狭义的资源仅指自然资源。对资源定义进行检索，可以得到如下较为常见的定义：

定义 1：资源，从定义上讲是指自然界和社会中所有能够为人类利用的物质和能量。

定义 2：从本质上讲，资源的定义是随着科学技术的发展而不断演变的。坚持依靠科技，是解决资源短缺的根本措施。面对困境，更需要大力弘扬科学精神，从全面、协调、战略的高度审时度势，解决好发展过程中资源短缺这一瓶颈问题。

定义3：资源的本义是指那些能够创造物质财富的自然存在物。物质、能源和信息构成世界三大资源。其中，对作为无形资源而存在的信息资源，专家学者各持己见，目前尚无公认的定义和范畴。

定义4：联合国环境规划署（UNEP）1972年定义："所谓资源，特别是自然资源，是指在一定时间条件下，能够产生经济价值，以提高人类当前和未来福利的自然环境因素的总称"。

定义5：广义的资源是指环境资源、信息资源、受众资源、广告资源。狭义的资源是指载体（广播频率、电视频道）、设备、人才、资金等。

定义6：资源原意是指人们生产和生活所需的一切天然来源。随着社会的发展，这一含义发生了变化：凡是人们生产和生活所需要的一切来源，无论是天然的还是被创造出来的，无论是现成的还是潜在的，都可以归结到资源的范畴。

通过检索，可以知道有以下比较常见的自然资源定义：

定义1：通常所谓的自然资源是指直接用于物质产品生产过程的自然资源。它们或构成物质产品实体或在物质产品生产过程中被消耗掉。而水、空气、气候条件和自然景观等自然环境条件和要素同样也应被视作人类生存、发展所必需的自然资源。

定义2：自然资源一般是指能够进入人类劳动生产过程并被加工成生产资料和生活资料的那部分自然要素，如土地、矿藏、水、大气、森林、草地、野生生物等。

定义3：自然资源是指在自然界中经过一系列化学、物理、生物过程而形成的具有一定的时空格局、对人类生活和生存直接或间接产生影响的所有自然因素的总和。广义的自然资源应包括一切具有现实和潜在价值的自然物质。

定义4：一般认为自然资源是指自然界中能被人类用于生产和生活的物质和能量的总称。但在实际中往往只是在经济学意义的"资源"认识之上叠加了"自然"的属性。

定义5：自然资源是指由自然界中地理环境和生物所构成的，吸引人们前往进行旅游活动的天然景观，包括地貌、水文、气候、动植物等。

定义 6：自然资源是指一切可作为生产投入的未经人类劳动加工而自然存在的物质及其可利用的活动方式，主要包括气候、土地、生物、水、矿产等。

定义 7：自然资源是指多种自然要素综合作用下资源开发产业化的内涵形成的资源。

定义 8：从本质上说，自然资源是指可以被人类利用的各种天然存在的自然物，而不是人造物。

综上所述，科普资源不是自然资源，但是许多自然资源可以纳入到科普资源当中。

整体来看，科普资源是一种社会资源，最大特点是公共产品性。

通过检索，可以知道以下比较常见的社会资源定义：

定义 1：社会资源是社会关系网络，它具有地域性、结构性与功能性特征。凡是有人群的地方就存在社会关系网络，但是不同地域社会关系网络的结构与表现形式不尽相同，这是社会资源的地域性。

定义 2：社会资源是指有价值的一切有形物和无形物。

定义 3：劳动力、科学技术、工具设备、资金、信息、经营管理的才能和智力统称为社会资源。

定义 4：从广义上讲，社会资源是指一个社会在其运行、发展进程中，以及生活在这个社会中的人们在其活动中，为了实现自身目的所需要具备或可利用的一切条件。

定义 5：社会资源就是指人的社会网络和他透过直接或间接接触能动员的资源的总体。

定义 6：社会资源是指社会所提供的对社会成员的发展具有重要意义的物质与精神要素之综合，包括政治的、经济的、文化的、有形的与无形的等。

定义 7：社会资源一般是指社会已经掌握并能利用的生产要素和生产条件，包括劳动资源和物质资源两部分。劳动资源即人的劳动能力，包含知识、智力、体力等因素。物质资源即资本、土地等财产的物质内容。

定义 8：社会资源主要是指劳动力、资金、技术和社会环境。

社会资源的质量状况，在现代经济增长中越来越关键，它决定着区域经济增长的发展速度和质量。

定义9：物质资源主要指自然环境资源以及作为人类社会实践结果的劳动产品，人力资源主要指劳动供给、教育、纪律、动机等，社会资源则是指包含政策、法律等社会规范和社会制度。

定义10：社会资源是指发展社会经济所需要的人力、物力、财力等经济要素。只有合理地分配社会资源，使其得到有效利用，才能取得最佳社会经济效益，保持社会经济的快速发展，并最大限度地满足社会的需求。

与科普资源相关的定义还有知识资源，它包括信息资源、文化资源等：

定义1：知识资源是指人类的智力劳动发现和创造的，并以一切形式表现的，经物化可为人类带来巨大财富的创新成果。具有以下特点：

（1）是人类的智力创造与发现；

（2）人的智力无限，带来了知识资源的无限。

定义2：如果把知识仅看作一般的资源，而尚未构成财富那样的价值时，则称为"知识资源"。例如，某公司有各种各样的人才，有各种门类的知识，可以说，该公司知识资源很丰富。

定义3：知识的生产来源于思想家和学问家的思索和实践。知识的消费来源于人们对知识的需求，因为知识能为解决各自问题提供资源，因此可以通称为知识资源。于是，如何利用知识资源的问题便成为关注的焦点。尤其是学科领域内的知识资源利用是每一位学术研究者必须重视和解决的问题。

定义4：为了便于区别，将静态意义上的稀缺知识称为知识资源。也就是研究如何解决知识的稀缺问题，即目前的教育经济学或知识传播学。

（二）科普资源的界定

科普资源的概念目前还没有统一认识，对科普资源的概念：一方面来源于科普工作实践经验的总结；另一方面来源于科普研究机构的理论研究。目前主要有以下几种定义：

定义1：科普资源是应用于合作交流，为社会和公众提供公共科普服务的科普产品、科普信息和科普作品的总称。

定义2：科普资源是指在一定的社会经济、文化条件下对科普事业发展、繁荣有着直接或间接影响的因素。

定义3：科普资源是指科学技术知识传播的媒介和载体，包括了科普人力资源、科普财力、科普场馆设施以及科普传媒网络等。

定义4：科普资源包括科普机构和人员、科普经费投入、科普场地以及科普传媒等。应该说，定义3和定义4，特别是定义4，在我国科普工作的实际中应用得较为广泛，带有较强的习惯性和约束性。

定义5：北京地区的科普资源可分为基础性资源和专业性资源两大类。基础性科普资源是指具备开展相关科普活动或为科普提供专业性支持的机构、人才、条件和信息等；专业性科普资源是指专门从事科普工作或以科普为主业的机构、专业人员、条件和信息服务等。

综上所述，广义科普资源是科普事业发展中所涉及的所有资源。其内涵包括发展科学技术普及事业所必需的人力、财力、物力、科普内容（产品）和组织能力等要素及其集合，可以抽象地概括为科普能力、科普产品和科普活动三大类。前者是科普事业发展的基础性条件，后两者是科普的内涵，即科普什么、怎么科普，三者构成科普事业的一个完整系统。

在具体的科普实践中，科普资源的表现形态和分类方式多种多样。科普资源的概念框架及相互关系如图2-1所示。

科普能力资源主要是根据人、财、物3个基本要素来进行分类，具体表现为人力资源、财力资源、组织机构、基础设施、媒介等部分。

从科普内容（产品）来看，可以根据不同表现形态，将科普资源分为实物资源（如各种场馆的展品、产品、实物）、印刷产品资源（如书、报、刊）、电子声像资源（电影、电视、多媒体光盘、网络科普资源）等。也可以根据科普内容的功能和应用范围，将科普资

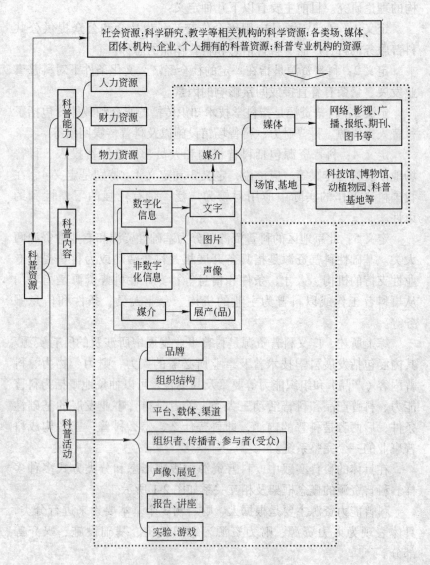

图 2-1 科普资源的概念框架及相互关系

—— 一相关关系；⇨一影响作用于；→一提供关系；

⟷一相互转化关系；{ 一组合关系

源分为宣传类、培训类、音像类、活动类、读物类、研究成果和基础数据类、科技场馆类、企业科普类等。

狭义的科普资源是指科普活动、科普实践中所涉及的科普内容及相应的载体。其内涵包括科普项目或活动中所涉及的媒介和科普内容。从抽象的角度而言，可以把科普媒介分为科普场馆、媒体，内容则是这些媒介承载的具体科普资源形态，比如文字、声像、图片及其综合表现形式。这些科普内容在不同的媒介中表现形式也是不同的，不同的科普资源与不同的载体相结合，或采取不同的科普表现形式，构成一个复杂的科普过程。

二、科普资源的属性及特点

目前，在我国的科普资源中公共产品和市场开发的科普产品并存。国家、社会公共财政开发的公共科普资源，具有非排他性、非竞争性、公益性。行政手段应该能够比较有效地推动公共科普资源的共享。

但同时，我国的公共科普资源分别属于不同的系统、行业、部门，如科技协会、中国科学院、教育部、农业部等部门，都集中拥有大量科普资源。在条块分割管理之下，跨系统公共科普资源的开发和利用往往并不通畅。要解决相关问题，系统间建立更有效的组织协调机制，建立项目化运行共建共享工作，是非常必要的。

在市场经济条件下，企业、媒体及个人开发的科普产品，并非完全非商品化。在资源共享活动中，公共资源和市场开发的科普资源在共享方法上往往需要有所区别。科普信息、展品等资源都存在知识产权，知识产权是科普资源共享中必须重视和解决的重要问题。

第二节　科普资源开发的含义和模式

科普资源开发和共享是科普工作的两个重要环节，具有不同的含义和模式，同时在科普工作中还有一些重要的环节。

一、科普资源开发及相关概念

科普资源的开发、集成和服务以及相关运行机制的建立应是科普资源建设的核心内容。在有些环境中，科普资源开发、集成和服务中的科普资源涵义侧重于科普信息（产品）资源。科普资源的开发是指创作、发掘和利用科普资源，可以是新的科普资源从无到有的创作和制作过程，也可以是已经存在的资源经过改造、改建，增加了科普功能，使其成为科普资源的二次开发过程。

与科普资源开发的概念很相近的另一个科普资源产生的重要途径是科普资源集成，科普资源集成是对社会中分散的科普资源的汇集和整合。科普资源"集成"中重要的一环是资源"信息"的汇集整理，在科普资源建设的初期阶段，除了部分特别需要的或有特别价值的科普资源外，实物资源的知识产权取得不应是工作的全部，应将重点放在科普资源信息的收集整理和科普资源的评优工作上，科普资源集成是降低科普资源成本、提高科普资源使用效率的重要途径。

二、科普资源开发模式

由于不同的科普资源开发模式差别很大，本书主要针对科普产品资源和科普场地资源的开发模式作简要分析和总结。

（一）科普产品资源开发模式

科普产品资源的开发，尚未形成稳定的行业市场，不能完全靠市场的动力促进科普产品的开发，需要政府、社会共同推动和扶持，现有的开发模式可以总结为三类：

（1）有针对性的委托开发模式。这种行为基本是市场行为，政府或科普组织由于科普活动等原因，需求的科普资源基本都有明确的要求，企业会按照科普资源的要求进行设计和制作。科普公司的发展状况直接影响到科普产品的水平，所以在委托开发的过程中，既要鼓励适度竞争，同时也要引导和培育科普产品开发公司提高实力，打造品牌。

（2）通过资助和奖励促进开发的模式。这种模式是间接促进开发的模式，为繁荣科普创作市场和科普创作人才市场，政府设立资助和奖励基金鼓励科普创作的开发。一方面，促进科普产品的创作速度和内容；另一方面也培育一批科普创作人才，这种模式在国家和地方都比较普遍。

（3）通过大赛等形式促进开发的模式。这种模式主要通过组织科普创作大赛，大赛以有奖征集评选的方式，并采用公开、公正的评比奖励机制，激励科普动画创作人员的积极性，促进我国科普动画创作的发展和繁荣。同时，在大赛征集作品过程中，主办方声明大赛的参赛作品可以在一定范围内用于公益传播等要求，从而使得参赛作品并不只是一次性用于比赛，而是可以更广泛地用于科学传播，使作品的科普功能进一步得到强化，进而使作品成为科普资源，达到繁荣科普资源的效果。

（二）科普场地资源的开发模式

在科普场地建设过程中，场地建设开发的模式可以分为两种。一种为新科普场馆和基地的建设，这种模式属于科普场地建设的开发模式，比如：科技馆的建设，户外科普设施建设，科普活动室建设属于科普场地建设的开发。还有另一种模式，即社会上本已存在这种场地，经过一定改造（建）之后，它对外（一定程度上）开放，使其具有了科普的功能。这类开发模式属于场地科普功能开发模式，比如：共建奥运村科技园和科普基地命名属于场地科普功能开发模式。企业的场地科普功能开发，一方面企业是高新技术最早的践行者，拥有很多潜在的科普资源；另一方面，随着企业社会责任的提高，企业也愿意通过参与科普提升自身形象，扩大影响力。这两种开发模式目前都是很重要的科普场地开发模式，两种方式互为补充。

科技馆的建设是科普场地资源开发的重要内容，建设主体以政府投入为主，社会投入为辅。当今，许多国家都很重视科技馆的建设。美国 1994 年有这类机构 1500 个以上，2004 年达到 2600 家，10年增长了 1000 多家，平均每 11.5 万人有 1 家科技博物馆。英国政府不仅斥巨资建立科技馆，例如，投资 2300 万英镑在莱斯特兴建英国空间科学中心，而且每年为科技馆划拨大量经费，保证其运营。但在我国，科技博物馆的建设从数量、质量和结构诸多方面都还需要继续做长远的安排和建设。

第三节　科普资源共享的内涵及模式

一、科普资源共享的内涵

关于"资源共享"的含意，美国图书馆学家肯特（Allen Kent）认为："'资源'（resource）这个术语用于指人们在需要时所求助的一切事物、人或行为。'共享'（sharing）这个词是指分配、调拨或者贡献自己所有的有益于他人的事物。'资源共享'最确切的意义是指互惠（reciprocity），意即一种每个成员都拥有一些可以贡献给其他成员的有用事物，并且每个成员都愿意和能够在其他成员需要时提供这些事物的伙伴关系"。

基于对科普资源、资源共享概念内涵的认识，本书所界定的科普资源共享是指科普资源拥有主体（包括机构及个人）之间，通过建立各种合作、协作、协调关系，利用各种技术、方法和途径，开展包括共同揭示、共同建设在内的共同利用资源的一切活动，最大限度地满足科普工作者和社会公众对于科普资源的需求。科普资源共建共享的核心，是众多科普资源拥有者参与的对科普资源共同建设和相互提供利用的一种机制。

二、科普资源共享平台内涵及构成

科普资源共享平台是指一个能全部支持科普资源共建（收集、开发、筛选、整合、共知、集散）、共享、增值应用、增值服务和运营管理的资源共享体系。

平台主要包括三大内涵：

（1）物质与信息系统。

（2）以共享机制为核心的制度体系。

（3）服务于平台建设和运行的专业化人才队伍。

首先是制度体系。平台的制度体系是其建设和运作的核心，它主要包括相关的法律法规、管理条例、管理办法、规则、标准等。其中以共享为特征的运行机制则是制度体系的内核。制度体系的建立是一个复杂的系统工程，"共建共享"精神是制度建设始终要围绕的核心。制度体系的建设分3个层次。第一个层次是平台法律体系的建设；第二个层次是平台规章体系的建设；第三个层次是标准、规则、规范等的建设。

其次是物质与信息系统。物质与信息系统是平台的载体，是平台的基础。它的内容随着科普事业的需求和发展而发展。目前阶段，主要包括数字化科普资源、科普出版物及配送系统、科普展览资源、广播电视科普节目制作及播出资源、科普活动资源。

最后是专业化人才队伍支撑体系。以专业管理人才、技术人才为主要构成部分的专业化人才队伍支撑体系是平台能够正常运作的必要条件。我国的科普资源共享工作还处于起步阶段，从理论问题探讨到具有专业水准的管理、技术人才都很匮乏，只能随着资源共享工作的推进，在实践中培养人才。

因此，"科普资源共享平台"不同于数据库或资源库，后者主要是指硬件。科普资源共享平台要能够为我国的科普事业提供有效、高质、公平的服务，为提高全民科学素质、建设创新型国家、构建和谐社会服务。

三、科普资源共享的原则

纵观人类社会的历史，不难发现：在资源共享的发展历程中始终存在着政治、经济、文化、技术等各种各样的困难和障碍。虽然这些困难和障碍时常极大地影响着资源共享的发展，但是资源共享的步伐不仅没有因此而停止，而且还越来越快，其重要的原因就在于自愿、平等、互惠的资源共享原则越来越受到世界各国的认同，日益成为各国在资源共享实践中普遍遵守的基本原则，并由此奠定了全球资源共享的共同基础。

（一）自愿原则

自愿原则是指资源共享的参与者主观意志和主观行为的自觉、自主、自为和自律。

资源共享，尤其是跨部门、跨地区、跨国家、甚至是全球性的资源共享，自愿参与是顺利实现共享的前提原则。

（二）平等原则

平等原则是资源共享的基础原则。平等原则是指，无论大、小、发达的还是落后的科普机构，只要是资源共享的参与者，那么，在信息资源共享的体系中就都具有平等的责任、权利和义务。平等原则主要包括平等权利、平等责任、平等义务等基本内容。一方面，平等原则是自愿原则的保障，如果没有平等，那么，自愿就会失去其基本意义，合作就会失去其基本前提。另一方面，平等权利、平等责任和平等义务又是相辅相成的统一体，如果只有平等权利而不履行相应的平等责任和义务，或者只履行平等责任和义务而没有相应的平等权利，那么，信息资源共享就不可能真正地得以实施。

（三）互惠原则

互惠原则是资源共享的根本原则。互惠原则是指，所有参与者在资源共享中彼此之间都能够获得平等的利益，并由此最大限度地满足用户的资源需求。在资源共享中，互惠原则是自愿原则和平等原则的出发点和最终归宿，自愿和平等是互惠的途径和手段，互惠则是自愿和平等的目的。

互惠是整体利益平衡的保障。在通常的情况下，资源共享的参与者总存在着规模大小、资源多少、经费预算多少等各种差异，虽然在特定的条件下，一个参与者与另一个参与者的利益可能是不平衡的。但是，只要是在平等权利、平等责任和平等义务的基础上开展资源共享，那么，在整体上所有参与者的利益是平衡的。

四、科普资源共享模式

资源拥有者自觉、自主地参与资源共享的主观意志。所谓模式，

"是科学研究中以图形或程式的方式阐述对象事物的一种方法"。科普资源共享模式研究，是对科普资源共享运作系统的结构和运作过程进行理论化、简约化认识与分析的研究。

科普资源共享是一个运行过程。在一定的条件基础上，在动力推动下，资源共享主体成员根据共享方案，通过组织协调管理，以一定的方法和途径，建立各种合作、协作、协调关系，建设共享渠道或平台，将可供共享的科普资源集成整合，形成共享资源，提供给科普资源共享主体成员，并且跟进科学的评价，促进科普资源共享的成效。资源共享运行主要有两种基本模式。

（一）多方共建全面共享

多方共建全面共享模式的基本特点：参与科普资源共享的成员间建立全面共享的关系，每个成员都能够分享整合集成的全部共享资源，资源的利用效率得到最大化；所有的成员实施资源共享的工作要集中通过同一个平台、途径或方法，相对于双方合作分别共享而言，组织协调管理工作任务更为复杂，如图2-2所示。

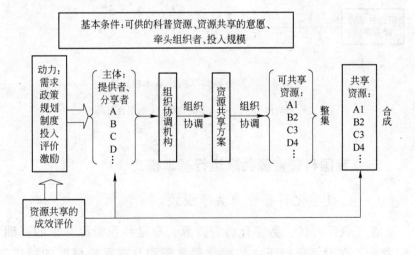

图2-2　科普资源共享系统基本模式1

⇨—影响作用于；→—提供关系；{—组合关系

（二）双方共建分头共享

双方共建分头共享模式的基本特点：参与科普资源共享的成员是多个双方，即一方成员提供的科普资源分别与多个成员的资源合作共建，为多个成员所利用，提高了资源的利用效率；由于合作共建共享是在双方之间，与多方共建全面共享相比，组织协调管理工作任务相对简单，如图2-3所示。

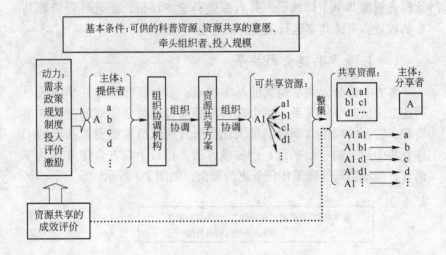

图2-3 科普资源共享系统基本模式2

⟹—影响作用于；→ —提供关系；{ —组合关系

五、我国科普资源共享运行基本模式

（一）数字化科普资源共享模式

在互联网时代，数字化科普资源共享是科普资源共享的基础和龙头。在网络环境下，数字化科普资源具有跨地域性的特点，因而数字化科普资源的共建共享活动主要是在全国范围内进行的。

目前，我国的数字化科普资源共享可以分成五种基本的模式。

在共建共享内容方面，分为共建共享数字化内容与数字化平台两种；在共建方式上，分为合作开发、整合集成两种；在共享方式上，分为双方共享、全面共享两种，其中，前者操作灵活简便，后者共享效益更高。

1. 全国性系统内网络科普平台多方共建全面共享模式

代表性案例有中国公众科技网共享活动第一阶段模式、科普资源共享网模式。中国科协科普资源建设与共享办公室委托中国科协声像中心建设中国科普资源共享平台，为科协系统各单位开展科普宣传活动时提供科普资源，以充实活动内容。

2. 全国性系统内科普资源网络平台双方共建合作分头共享模式

代表性案例是中国公众科技网共享活动第二阶段模式。2005年底至今，中国公众科技网与科协系统内及相关的有网络版或军队系统的媒体自愿合作，以栏目合办形式，形成网络和纸质媒体的优势互补、军队和地方的优势互补，以达到资源共享、互惠互利。

3. 全国性跨系统数字化科普资源平台多方集中共建全面共享模式

代表性案例是中国数字科技馆模式。中国数字科技馆2005年底由科技部批准立项，是国家科技基础条件平台建设中43个重点项目之一。在国家科技基础条件平台建设专项资金支持下，由科技部领导，中国科协牵头，联合教育部、中国科学院组织实施。建成后的中国数字科技馆将是我国数字化科普资源的集散中心，具备为全国科普产品开发、创作提供资源支撑的功能，以及面向公众开展网上科普宣传教育的作用。

4. 全国性跨系统网络科普内容双方合作分头共享模式

代表性案例是中国科普博览网模式。中国科普博览网是1999年10月25日开通，由中国科学院网络信息中心负责建设的大型科普网站。它利用中国科学院科学数据库为基本信息资源，并与中国科学院分布在全国各地的 100 多个专业研究所及全国一些著名的科研机构、科普机构合作，系统采集全国各具特色的科普信息，将每一类科普信息重新编马脚本并组织整理成虚拟科普博物馆与科普专题，通过互联网络面向公众发布。

5. 区域性跨系统数字化科普资源平台多方非集中式共建全面共享模式

代表性案例是上海科普信息资源共享平台。该项目由上海市科学技术协会、上海市信息化委员会牵头，跨系统的多个拥有科普资源的部门分别是项目的责任部门，具体有中共上海市委宣传部、上海市科学技术委员会、上海市教育委员会、上海市农业委员会、中国科学院上海分院、上海市社会科学界联合会、上海科学院等单位。上海市科普资源中心定位为国家科普资源开发与共享工程的华东中心。上海市科普资源中心上联国家中心、下联全市各专业分中心和区县分中心，是国家中心的镜像站，进行上海的科普文化资源加工、整合并数字化。同时，为基层中心更新数据提供服务。

（二）展示、播映实体科普资源共享模式

1. 全国性科普场馆展览、展品协议交流分头共享模式

主要有科技馆间临时展览巡展模式、中小科技馆支援计划模式。科技馆间临时展览巡展是我国科技馆建设初期就开始运行的行业内展览资源共享模式。临时展览巡展是我国科技馆科普展览的重要活动方式之一，已成为评价科技馆科普能力的重要指标。

2. 全国性科普设备联合购买交流共享模式

代表性案例是科技馆间特效电影片源联合购买交流模式。

建设特效影院、播放特效科普电影是科技馆科普展教活动的主要方式之一。然而，特效电影主要是从国外进口，价格很高。国内一些特效电影播映设备可以通用电影片源的科技馆，如天津科技馆、安徽科技馆、江苏科技馆等，多年来自发达成合作模式，联合购买、交流共享特效电影片源，以达到降低成本、提高使用

效率的目的。

3. 全国性科普声像资源多方合作分头共享模式

代表性案例是《科普大篷车》电视节目制作推广模式。

《科普大篷车》节目自2004年1月1日开始制作，每周一期，每期15分钟。采取中国科协声像中心、地方科协、地方电视台三方联合的方式进行节目制作和推广。

4. 区域性科普设备协议交流全面共享模式

代表性案例是上海电子科普画廊片源共享。

为了降低成本、提高资源使用效率，2006年上海市科协组织建立了电子科普画廊片源共享及交流例会制度，每两个月举行一次例会。按照这种共享及交流模式，上海市科协定期组织区县科协的有关人员、电子科普画廊单位的管理人员和片源制作供应单位的代表交流电子科普画廊片源，开展了上海市电子科普画廊发展情况调查。并根据调查情况，形成《上海市电子科普画廊管理办法（讨论稿)》。另外，还与上海科普事业中心合作建立了"上海电子科普画廊声像资料库"。目前，该资料库已储有789部科普宣传片。

（三）科普活动平台资源共享模式

1. 全国性跨系统科普活动平台共享模式

代表性案例是"全国科普日活动"。

全国科普日是在全国范围内开展的一项重大科普活动，也是一个逐步发展起来的统一品牌、统一组织形式、统一主题的科普资源共享活动平台。科普日活动期间，全国各地科协及社会各界机构和组织运用讲座、报告、咨询、知识竞赛、展览、演出等多种形式，策划和组织开展数千场科普活动。如2006年全国科普日的活动主题为"节约能源"和"预防疾病，科学生活"，全国重点活动就有2300项之多，直接参与活动的人数达到了3000多万人。

2. 全国性系统内科普活动平台共享模式

此类共享模式的代表性案例是中科院网络科普联盟。2004年8

月 26 日，中国第一个网络科普联盟——中国科学院网络科普联盟在北京成立。该联盟是中科院系统内 70 余家科研机构自愿结成的公益性社会团体，以联盟成员大会选出的执委会为领导机构。联盟的宗旨是"通过科普资源的共享和网络技术的有效应用，以中国科学院各研究所为基础，团结全院从事科普事业的组织机构与个人，开发利用、有效整合中国科学院的优秀科普资源，推动国内外科普活动的合作与交流，普及科学知识，弘扬科学精神，宣传科学思想和方法，为提高我国公民的科学素养和全面建设小康社会做贡献"。

第四节　我国科普资源开发与共享中存在的不足

一、统一指导和规划力度不够

目前，我国科普资源开发与共享工作缺乏统一的科学指导和规划，没有量化的既定目标和明确的分工。

首先，科普资源建设缺乏统一的理论指导，现有的理论研究还处在探索阶段。其次，科普资源建设指导力度不够。例如在北京市，根据《北京市全民科学素质建设工作方案》的要求，市科协会同有关部门共同研究制定了《北京市科普资源开发与共享工程实施方案》，明确指出了科普资源开发与共享工作的工作目标、主要任务、保障条件、重点活动等。但在执行过程中，由于没有专门负责的执行机构，各项活动之间缺乏相互联系，也缺乏对所有活动的整体规划和全面管理。

二、开发与共享工作机制不完善

开发共享体系的建立是基于资源建设复杂的现实状况，目前由于信息的交流和沟通不畅，各部门、各系统和各行业的科普资源存在着内容分散、建设重复、利用率低等问题，这种条块分割、各自为政的建设模式不能有效地实现资源共享，所以需要政府建立科学的工作机制来引导科普资源开发共享工作。

在科普人力资源开发方面，缺乏科普人才激励机制，使得广大的科技工作者没有动力投身科普工作，而从事科普工作的专职人员也因没有有效的奖励机制而缺乏探索的动力，使得现有专业科普人才队伍的能力建设停滞不前。

三、科普资源有效利用程度不高

在我国的一些大城市，科普资源是相当丰富的，但处于分散和无序状态。目前，科研机构、高校、博物馆、科技馆、高科技企业等均拥有大量的科普资源，但很多并没有被深入地挖掘，资源利用率不高。

在北京市第十三届人民代表大会第二次会议代表建议、批评和意见中有提案是专门针对"关于提高科普资源利用率的建议"，并向相关机构广泛征求意见。这说明提高科普资源利用率已经成为广大科技工作者急需解决的一个问题。

四、缺乏高素质科普人力资源

在我国的大城市，科普人才尽管在数量上领先于全国，然而面对市民科普需求多样化、高端化的趋势，科普人力资源还有待进一步开发。科普人力资源缺乏主要表现在以下3个方面：

（1）缺乏专业科普创作人才。目前，从事科普创作工作的人员创作理念、手法相对落后，创造出的科普产品总体质量不高、精品更少，优秀的原创产品少。科技工作者参与科普创作的积极性不高，科普创作发展后备人才不足。科普作家老龄化现象严重，优秀的科普创作、采编、策划人才严重匮乏。

（2）科普管理人才不够专业化。目前从事科普管理工作的人员没有相应的继续教育机会，科普管理能力薄弱，科普意识陈旧，难以适应新形势下公众对科普工作的多样化需求。

（3）科普志愿者队伍建设亟待加强。科普志愿者应该是科普工作的重要力量，与奥运会170万志愿者相比，目前的科普志愿者的数量还很少。一方面，对于大学生和科技工作者这一潜在的科普志愿者资源，教育部门和人事部门缺乏相应激励机制，来鼓励他们从事社会、社区科普工作，将自己学到的知识用于提升公众的科学素质，将科研成果转化为科普产品或资源。另一方面，目前我国各城市还没有专门管理科普志愿者的机构，无法对广大志愿者进行科普培训和管理，缺乏对科普志愿者培养机制。

第三章 北京市科普资源配置
状况评价及效率分析

第一节 北京市科普资源现状

一、科普政策资源

2002 年 6 月 29 日,《中华人民共和国科学技术普及法》正式颁布实施,表明我国通过立法将科普工作纳入了法制轨道,发展科普事业是国家长期的任务。

北京早在 1999 年出台第一个科普法规《北京市科学技术普及条例》,2002 年 6 月 25 日发布的《北京市人事局关于科普工作者职称评审工作有关问题的通知》解决了专业科普工作者的职称评定问题。早在 1998 年北京市政府就设立了科普创作出版专项资金,每年投入约 100 万元支持和奖励优秀原创性科普作品。2007 年北京市科学技术奖也增加了对科普作品的专项奖励,2007 年 3 月 20 日北京市科学技术委员会颁布了《北京市科学技术奖励办法实施细则》。2003 年北京市科协联合市委宣传部等 5 家单位共同设立了"北京市优秀科普作品奖",每两年一届,对优秀的科普作品进行表彰和奖励。2006 年 10 月 12 日北京市政府制定了《北京市全民科学素质建设工作方案》,2007 年 4 月 23 日出台了《北京市科普资源开发与共享工程实施方案》,对科普资源开发与共享工作给予指导。

科普财力资源也是发展科普事业所必需的环境,预算控制、投入保障是科普资源共享的外部推动力。国家财政方面的财力、物力投入是现阶段我国科普资源共享快速发展的最重要和有效的推动力和必要保障。北京市拥有良好的财政政策支持,每年市政府都投入大量资金用于科普，如"惠农计划"，"科普日"，"科技周"等大型活动和工作。2009 年北京市科协投入约 4000 万元用于科普工作，而北京市科委更是计划投入上亿元用于科普。这些都是北京开展好科普资源工作的强有力的保障。

二、科普人力资源

统计资料显示，我国科技人力资源的总量已达 3200 万人，其中研发人员为 105 万人，分别名列世界第一位和第二位。举例来说，我国的科技研发经费总额只占美国的 4.7%，日本的 8.9%，德国的 27%。根据科技部 2004 年的统计数据，我国科技活动人员为 348.2 万人，而科技活动中的科学家和工程师为 225.2 万人，均位居世界前列。然而与此同时，我国的 R&D 投入经费只有 237.61 亿美元，美国的这一经费投入则高达 3125.35 亿美元。

科普人力资源是所有科普资源中最基础性的资源，它包括科普管理工作者和科普传播工作者。具体包括国家机关和社会团体的科普管理工作者，科研院所和大中院校中从事专业科普研究和创作的人员，科普作家，中小学专职科技辅导员，各类科普场馆的相关工作人员，科普图书、期刊、报刊科普专栏版的编辑，电台、电视台科普频道、栏目的编导和科普网站信息加工人员等。北京的专职科普人员 5137 人，不到各省平均线 6449 人，但是北京的每万人口科普人员数为 27.6 人，远超过全国的平均线 12.3 人。从部门统计来看，农业部门拥有的专职科普人员最多，科协拥有的兼职科普人员最多。科协专兼职科普人员总数是 35.85 万人，占到全国总量的 22.1%，如图 3-1 所示。

全国有 8665 人的专职科普创作人员，其中北京有 753 人的科普创作队伍，图 3-2 显示的是全国各省科普创作人员比例。除了专职的科普工作者，科普工作还要依靠广大的兼职科普工作人员，北京有统计数据的兼职科普工作人员有 3.6 万余人，2008 年北京奥运会志愿者高达 170 万，这说明民众的志愿服务意识还是很强的，但目前正式注册的科普志愿者还不多，在志愿服务日益发展的今天，科普志愿者也将有很大的发展空间。

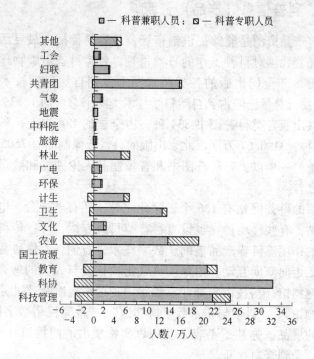

图 3-1 2008 年部门科普人员数

（资料来源：中国科普统计，2009）

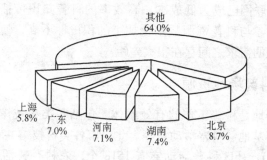

图 3-2 2008 年各省科普创作人员占全国比例

（资料来源：中国科普统计，2009）

三、科普信息（产品）资源

科普产品资源是能够提供给市场，最容易传播、最灵活的科普资源。随着我国对科普工作的日益重视，各类科普出版物逐渐丰富起来，2008 年全国出版的各类科普图书占到自然科学技术图书的 5.5%，发行总量已经占到自然科学技术类图书总量的 12.3%。2008 年北京共出版各类科普图书 834 种，占全国的 1/4 以上，科普期刊共有 81 种，3190.67 万册。北京出版的科普音像制品有 2505 种，占全国总量的一半以上。科普图书和音像制品无论种类和数量上都位居全国之首。

北京的科普网站有 126 个，除此之外，还有电视台、电台、杂志和网站，有些移动传媒也设有科普节目或专栏，对宣传科普起到了重要的作用。科普产品借助于数字技术进行创新，使科普方式正在由手工走向双向互动、由单一科普走向科技与人文的融合。一批数字化博物馆（科技馆）如北京数字博物馆平台以及"北京中医药数字博物馆"、"科学与艺术数字博物馆"、"北京民俗数字博物馆"等展出的展品，弥补了不容易实现以实物展出的博物馆（科技馆）的不足，受到普遍欢迎。

数字技术依托互联网以及信息高速公路不断演绎，具有无限的拓展空间。截至 2008 年年底，我国网民数达 2.98 亿人，居全球首位。北京是互联网最发达的地区，约有网民 980 万，普及率达 60.3%。互联网已成为低成本、高效率的科普知识传播平台。但由于社会机构参与科普资源数字化加工的积极性不高，使得网络科普资源与公众的需求之间存在很大差距。

四、科普场地资源

科普场地是科普工作的有效载体。包括各类科技馆、科技类博物馆、科普基地、科普活动室等。北京市各类科技馆共有 82 个，占全国近 1/10，社区科普活动室有 1518 个，农村科普活动场地 2582 个，各级科普基地 168 个。北京市教委和各个区县教委均拥有条件优良的青少年科技活动中心或少年宫等，建筑面积大，设备齐全。

坐落在北京教学植物园内的市少年宫建筑面积 4 万平方米。顺义区政府投资 6500 万元，新建区少年宫，建筑面积 10400 平方米，其中建设了"青少年信息素养培训基地"和"少年宫多功能厅"。2007年和 2008 年，通过实施"科普惠农兴村计划"、"社区科普益民计划"，市科协和市财政局共投入 2800 万用于奖励农民专业合作组织、农村科普示范基地等；到 2010 年底，要在全市范围内奖励优秀科普社区 200 个，奖励优秀基层科普场馆 50 个；资助重点新城的新建社区，经济适用房、廉租房社区和户外科普园地扩充完善科普设施。其中 2008 年市财政投入资金 1300 万元，奖励优秀科普社区 73 个、优秀基层科普场馆 26 个、社区科普宣传员 200 名，资助重点新建社区 4 个、经济适用房社区 11 个、廉租房社区 3 个、试点建设户外科普园地 4 个，开发户外科普设施 6 个系列 13 个主题 131 件。另外，北京市科委和科协联合命名第一批 99 家科普基地包括科普教育基地、科普传媒基地、科普培训基地和科普研发基地，另外，北京市与中科院共建的奥运村科技园以及科委的"创新型科普社区计划"等都有力地促进了科普场地开发和建设。

五、科普活动资源

开展科普活动是推进科普工作的主要手段，是提高公众科学素质的重要途径，科普活动包括组织、场地、科普展览、科普产品等资源。科普活动具有临时性，活动结束后，一方面通过巡展、制作出版物等方式扩大活动效果，另一方面活动也作为一种无形资源，不断积淀，在科普工作中树立了品牌形象。

（一）重大科普活动

1. 科技活动周

科技活动周是最隆重、覆盖面最广的、全民参与的大型科普活动。科技周这种科普形式发端于 1988 年爱丁堡国际科学节，为了促进我国科普工作的开展，根据国务院《关于同意设立"科技活动周"的批复》，自 2001 年起，每年 5 月的第三周被设为"科技活动周"，作为我国群众性的科技活动盛会，由科技部、中宣部、中国科协等 19 个部门和单位共同主办。

以搭建社会化科普服务平台为例，北京科技周自 1995 年举办以来，主动争取中国科协、国家科技部、中国科学院、中国工程院的指导与支持，并在 2004 年实现了北京科技周与全国科技活动周统一主题、同期举行，从组织架构、运作机制上更好地融会了首都地区的科普资源。2008 年全国科技活动周的主题是"携手建设创新型国家"，北京科技周副主题为"科技点燃圣火创新圆梦中国"，期间有关各方组织的主题活动近百项，全国 31 个省（市、自治区）共组织了近 1300 项活动。

2. 全国科普日活动

全国科普日是中国科协组织开展的标志性科普活动。中央书记处领导每年都集体参加全国科普日北京主场地活动，极大地提升了科普日活动的影响力。2008 年全国科普日北京主场活动由中国科协、中国科学院和北京市人民政府联合主办，100 多个全国学会和企事业单位参与承办。活动采取展览、讲座、咨询、表演、交流、互动、体验等形式，在主题展览活动区、动手体验区、美好生活活动区、科技成果体验区、科普游园活动区和科技行动区等 6 个区域中进行。活动紧扣百姓日常生活息息相关的内容和当前社会热点问题，充分体现了实用性和科学性的特点。给广大公众提供丰富的健康生活知识和实用的环保节能科学知识，引导和鼓励社会公众"从我做起、从每天做起、从身边做起、从点滴做起"，积极投身到保护生态环境、科学健康生活的行动中。让"保护生态环境、节约能源资源"成为人们的生存理念和每个人的自觉行为。

（二）科普展览

2008 年北京市专题科普展览有 3890 个，每万人参观人数仅低于青海，列全国第二，这说明北京市市民参与科普展览的程度较高。科协举办展览的次数远高于其他教育、科技管理和农业系统，2008 年各部门科普展览次数和参观人数如图 3-3 所示。

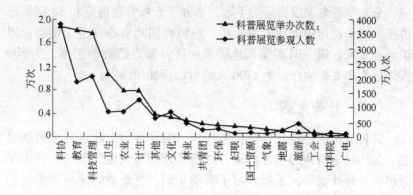

图 3-3 2008 年各部门科普展览次数和参观人数

（资料来源：中国科普统计，2009）

（三）科普讲座

2008 年北京的各类科普讲座共 35207 次，排在全国第八位，但每万人参加人数北京高居首位，说明北京参加讲座的民众积极性比较高。在分部门统计中，农业部门的讲座高于其他部门，科技管理部门居第二，科协居第三，如图 3-4 所示。

2008 年，北京市科协组织的首都科学讲堂邀请孟兆祯院士和袁

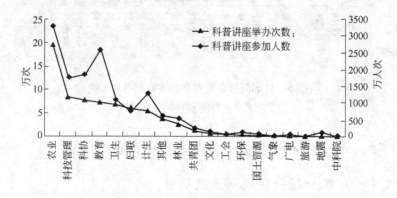

图 3-4 2008 年各部门科普讲座次数和参加人数比较

（资料来源：中国科普统计，2009）

泉、朱东华等专家以奥运为主题，举办了 5 场专题讲座和 52 期固定
讲座。四川汶川特大地震发生后，科协会同北京心理卫生协会，组
织心理专家在第一时间深入地震重灾区开展心理救助工作，为 300
人进行心理安抚治疗，为 4700 人进行心理辅导讲座。

（四）科普竞赛

科普竞赛也是普及科学技术知识、倡导科学方法、传播科学思
想、弘扬科学精神的很受群众，特别是青少年欢迎的形式。青少年
通过参加科技竞赛，不但学习了科学知识，更重要的是培养了他们
对待科学的态度和对科学研究的探索精神。

据统计，2008 年北京参加科普竞赛的人数达到了 229 万人，科
技竞赛主要由教育和科协两部门组织，两部门组织的竞赛参加人数
超过全国的 63%。如图 3-5 所示。

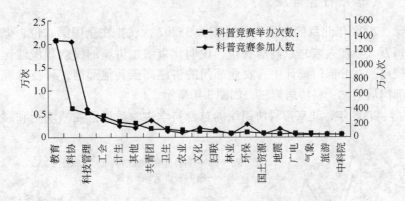

图 3-5　各部门科普竞赛举办次数和参加人数
（资料来源：中国科普统计，2009）

六、北京市科普资源开发与共享中存在的问题

（一）统一指导和规划力度不够

北京市科普资源开发与共享工作缺乏统一的科学指导和规划，
没有量化的既定目标和明确的科普分工。首先，科普资源建设缺乏

统一的理论指导，现有的理论研究还处在探索阶段。其次，科普资源建设指导力度不够。有关部门研究制定了《北京市科普资源开发与共享工程实施方案》，明确指出了科普资源开发与共享工作的工作目标、主要任务、保障条件等。但在执行过程中，由于没有专门负责的执行机构，也缺乏对活动的整体规划和全面管理，科普资源开发、共享工作推进得仍不到位。

（二）开发与共享工作机制不完善

北京市科普资源开发、共享体系的建立是基于资源建设复杂的现实状况，目前由于信息的交流和沟通不畅，各部门、各系统和各行业的科普资源存在着内容分散、建设重复、利用率低等问题，这种条块分割、各自为政的建设模式不能有效地实现资源共享，所以需要政府建立科学的工作机制来引导科普资源开发、共享工作。

（三）科普资源有效利用程度不高

科普资源开发工作：一方面指生产和创作新的科普产品和资源；另一方面是指深度挖掘一些资源（科普资源）更多的科普功能。后者是一种低成本的科普资源开发，可以避免重复建设和浪费，更应值得关注。目前，市科委、市科协、科研机构、高校、博物馆、科技馆、高科技企业等均拥有大量的科普资源，但很多并没有被深入的挖掘，资源利用率不高。

（四）缺乏高素质科普人力资源

首都人才荟萃，高校和科研院所云集，高素质人才资源丰富，这些都是潜在的科普人力资源。北京市的科普人才尽管在数量上领先于全国，然而面对市民科普需求多样化、高端化的趋势，科普人力资源还有待进行开发。

科普人力资源缺乏主要表现在以下两方面：

（1）缺乏高素质的科普创作人才。此外，科普管理人才不够专业化。

（2）缺乏科普志愿者。

第二节 北京市科普资源
配置状况评价体系

　　科普资源配置也就是各类科技资源在不同科技活动主体、领域、过程、空间、时间上的分配和使用，科技资源的合理配置是经济长期持续增长的基础和保障。科技资源的配置应与社会、经济及科技自身发展的不同层次需求相适应。合理配置科技资源，使有限的科技资源发挥最大的效用，是解决科技供需矛盾的主要手段之一。在我国，科普一直被作为一项公益事业，受到了政府和社会各界的高度重视，设立了科普管理和协调机构，建设了大量科普场馆和设施，并开展了形式多样的科普活动，全国各地区都在科普上投入了巨大的人力、财力和物力。但是因为各地区经济社会发展程度不同，以及全社会重视程度不同，各地区的科普投入和产出以及科普资源的配置效率存在一定程度的差别。以北京市为例，科普资源的配置在不同区县之间也存在着一定程度的不平衡。这里就是要通过不同区县间科普资源配置情况的比较分析，揭示北京市各区县之间科普资源配置情况的差异。

　　对科普资源配置情况进行的评价方法有很多，这里通过建立评价指标体系，并通过相应的数据计算，得出各区县间科普资源配置现状的差距。在建立评价指标时，考虑到不同层次的不同指标之间是有一定联系的，配置指标的因素间是非独立的，因而对各项指标进行模糊处理，利用模糊数学确定的隶属度的多种方法，更准确的计算因素之间的复杂关系，从而使科普资源配置模型更好的体现其应用价值。

　　本书评价科普资源配置效率的思路是：

　　（1）构建合理评价科普资源配置效率的指标体系，确定指标权重，构建综合评价模型。

　　（2）按各指标采集数据，经标准化处理后，利用评价模型，得到地区科普资源配置的评价结果。

一、北京市科普资源配置状况评价指标体系的建立

（一）指标的选取原则

设计科学合理的评价指标体系是客观、公正地进行地区科普力度的重要基础。因此，本书在建立指标体系时遵循以下原则：

（1）指标的数据可获得性。设置指标的关键是这些指标能不能采集到数据，即使有些指标在理论上有意义，但不具有可操作性，采集不到数据，也无法采用。有关科普的统计数据非常有限，所以本文所选取的指标主要是以全国科普统计的指标为主，辅以相关的经济社会发展数据。

（2）指标要具有科学性，能真正反映各地区科普资源配置状况。各个地区因为经济社会发展程度存在差异，但并不代表经济和社会落后地区的科普力度就会比较小，科普资源配置就会不合理，所以要通过相对指标的选取，客观地反映一个地区的科普资源配置状况。

（3）指标体系要保持相对稳定性。指标体系不能轻易变动，如果需要5年、10年后看一个地区科普工作的开展状况，但一个指标两三年之后就没有了，就达不到累积比较的目的。

（4）注重指标的平衡性。绝对量指标和相对量指标的平衡。绝对量反映了规模，绝对量大的地区有规模优势。但决定地区科普资源配置是否合理的不单是规模因素，某些相对量的指标更能够说明问题。相对量反映了效率和增长趋势，相对量大的地区在有限资源条件下能够创造出来更多的科普产出，说明科普资源配置更加科学合理。

（二）指标体系的构建

在建立科技资源配置评价指标体系时，不但考虑科普资源规模，其中包括科普人员规模、科普设施规模、科普活动组织规模，而且考虑到科普资源配置结构的影响。因此这里在评价指标体系设置时，将科普设施规模、科普人员与机构规模、科普经费配置规模、科普活动组织规模和科普综合产出效果设置为5个一级指标，在每个一

级指标下又分别设置了多个二级指标。具体的指标设置及其说明见表 3-1。

表 3-1 科普资源配置状况评价指标体系

一级指标	二级指标	指标含义
科普设施规模 A1	每百万人拥有科普场馆 B1/个·百万人$^{-1}$	(科技馆+科学技术博物馆+青少年科技馆)/百万人
	每万人拥有科普场馆展厅面积 B2/m^2·万人$^{-1}$	(科技馆展厅面积+科学技术博物馆展厅面积)/万人
	每万人公共场所科普宣传设施 B3/个·万人$^{-1}$	(城市社区科普活动室+农村科普活动场地+科普画廊)/万人
科普人员与机构规模 A2	每万人占有科普专职人员 B4/人·万人$^{-1}$	科普专职人员数/万人
	每万人占有科普兼职人员 B5/人·万人$^{-1}$	科普兼职人员数/万人
	每万人科普机构数 B6/个·万人$^{-1}$	科普机构数/万人
科普经费配置规模 A3	科普经费占 GDP 的千分比 B7	1000×科普经费/GDP
	人均科普经费水平 B8/元·人$^{-1}$	地区总科研经费/地区人口
科普活动组织规模 A4	三类主要科普活动参加人次占地区人口比例 B9/人次·万人$^{-1}$	科普讲座、科普展览、科普竞赛参加人次之和/地区人口
	科技活动周参加人次占地区人口比例 B10/人次·万人$^{-1}$	科技活动周专题活动参加人次之和/地区人口
	科普场馆年参观人次 B11/万人次·年$^{-1}$	科技馆参观人次+科学技术博物馆参观人次
科普综合产出效果 A5	每万人均青少年科技竞赛参加人数 B12	青少年科技竞赛参加人数/青少年总人数
	每万人均专利申请量 B13	专利申请量/万人口
	每万人均专利授权量 B14	专利授权量/万人口
	劳动生产率 B15	工业增加值/全部从业人员人数

（三）基于模糊层次分析法的指标权重确定

1. 模糊层次分析法权重确定的基本步骤

A　标度的选用

本书在确定各个指标的权重时，按照层次分析法将定量评价与定性评价相结合，以一定的标度将人的主观判断用数量形式表达和处理。因此，采用"互反性"标度确定各指标权重。"互反性"标度有：1~9 标度，指数标度，9/9~9/1 标度和 10/10~18/2 标度。各种标度方法见表3-2。

表3-2　各种标度方法

等级	重要程度	1~9标度	指数标度	10/10~18/2标度	9/9~9/1标度
1	同等重要	1	a^0	10/10	9/9
3	稍微重要	3	a^2	12/8	9/7
5	明显重要	5	a^4	14/6	9/5
7	强烈重要	7	a^6	16/4	9/3
9	极端重要	9	a^8	18/2	9/1
k		k	a^k	$(9+k)/(11-k)$	$9/(10-k)$

目前，1~9 标度应用较为广泛。在 1~9 级标度法中，2，4，6，8 表示上述相邻判断的中间值。若元素 i 与元素 j 的重要性之比为 a_{ij}，那么元素 j 与元素 i 重要性之比为 $a_{ji} = \dfrac{1}{a_{ij}}$，用此类标度所得矩阵为正互反判断矩阵，记为 $A = (a_{ij})_{n \times n}$，具有下述性质：

$$a_{ij} > 0$$

$$a_{ji} = \frac{1}{a_{ij}}$$

$$a_{ii} = 1$$

1 ~ 9 标度虽然简便易用，但其在定量人们的判断时不甚准确，因此其合理性较差，而 9/9 ~ 9/1 标度和 10/10 ~ 18/2 标度可以改善标度的性能，指数标度介于它们中间，因此本书采用 10/10 ~ 18/2 标度。

B　模糊判断矩阵的建立

判断矩阵是层次分析法的基本信息，也是进行相对重要程度计算的重要依据。这里采用三角模糊数 $a = (a_l, a_m, a_u)$ 表示指标体系中各指标的相对重要程度，其中 a_l、a_u 分别被称为 a 的上界值、下界值，即各指标的上下界，其中 $0 \leqslant a_l \leqslant a_m \leqslant a_u$，三角模糊数的特征函数可以表示为：

$$\mu_a(x) = \begin{cases} \dfrac{x - a_l}{a_m - a_l}, & a_l \leqslant x \leqslant a_m \\[2mm] \dfrac{x - a_u}{a_m - a_u}, & a_m \leqslant x \leqslant a_u \\[2mm] 0, & 其他 \end{cases}$$

为方便起见，记 $N = \{1, 2, \cdots, n\}$，并给出下列有关三角模糊数的两种运算：

设 $a = (a_l, a_m, a_u)$，$b = (b_l, b_m, b_u)$，则：

$$a + b = (a_l, a_m, a_u) + (b_l, b_m, b_u)$$

$$= (a_l + b_l, a_m + b_m, a_u + b_u) \tag{3-1}$$

$$\frac{1}{a} = \left(\frac{1}{a_u}, \frac{1}{a_m}, \frac{1}{a_l} \right) \tag{3-2}$$

考虑到同一层次的评价指标之间的相对重要性程度，由专家评价可以得到每个层次指标之间的模糊判断矩阵如下：

$$A = \begin{pmatrix} (1,1,1) & \cdots & \left(\dfrac{1}{a_{un1}},\dfrac{1}{a_{mn1}},\dfrac{1}{a_{ln1}}\right) \\ \vdots & \ddots & \vdots \\ (a_{ln1},a_{mn1},a_{un1}) & \cdots & (1,1,1) \end{pmatrix}$$

C 相对重要程度的计算

计算该三角模糊判断矩阵各行的和并进行归一化处理，可以得到该层次中各因素的三角模糊数的权重向量。计算如下：

$$w_i = \frac{\displaystyle\sum_{j=1}^{n} a_{ij}}{\displaystyle\sum_{i=1}^{n}\sum_{j=1}^{n} a_{ij}}$$

$$= \frac{\displaystyle\sum_{j=1}^{n} (a_{lij},a_{mij},a_{uij})}{\displaystyle\sum_{i=1}^{n}\sum_{j=1}^{n} (a_{lij},a_{mij},a_{uij})}$$

$$= \frac{\left(\displaystyle\sum_{j=1}^{n} a_{lij},\sum_{j=1}^{n} a_{mij},\sum_{j=1}^{n} a_{uij}\right)}{\left(\displaystyle\sum_{i=1}^{n}\sum_{j=1}^{n} a_{lij},\sum_{i=1}^{n}\sum_{j=1}^{n} a_{mij},\sum_{i=1}^{n}\sum_{j=1}^{n} a_{uij}\right)}$$

$$= \left(\frac{\displaystyle\sum_{j=1}^{n} a_{lij}}{\displaystyle\sum_{i=1}^{n}\sum_{j=1}^{n} a_{uij}},\frac{\displaystyle\sum_{j=1}^{n} a_{mij}}{\displaystyle\sum_{i=1}^{n}\sum_{j=1}^{n} a_{mij}},\frac{\displaystyle\sum_{j=1}^{n} a_{uij}}{\displaystyle\sum_{i=1}^{n}\sum_{j=1}^{n} a_{lij}}\right), i \in N \qquad (3-3)$$

为了确定 w_i 的大小，计算三角模糊变量 $(a_{lij},a_{mij},a_{uij})$ 的期望值如下：

$$\overline{w}_i = E[w_i] = \frac{1}{4}(a_l + 2a_m + a_u) \qquad (3-4)$$

然后对各个指标三角模糊变量的期望值再进行归一化处理，得到同一层次各个指标的相对重要性程度：

$$w_i' = \frac{w_i}{\sum w_i} \tag{3-5}$$

D 综合权重的计算

综合权重是指决策层最底层的各项指标相对于总目标层的相对权重向量 $B^{k,0}$。一级指标相对于总的决策目标 O 的权重为 $B^{1,0} = (\alpha_1, \alpha_2, \cdots, \alpha_n)$，而二级指标中 n 个元素 $D_{i1}, D_{i2}, \cdots, D_{in}, (i = 1, 2, \cdots, n)$ 相对于其所属一级指标的权重为 $B^{2,1} = (\beta_1, \beta_2, \cdots, \beta_n)$，则第二层的 n 个元素相对于总目标的综合权重 $w_1, w_2, \cdots, w_n$ 可计算如下：

$$B^{2,0} = (w_1, w_2, \cdots, w_n)$$

其中

$$w_j = \sum_{i=1}^{m} \partial_i \beta_{ij}, \quad j = 1, 2, \cdots, n$$

从而就可以得到每个不同层次指标的综合权重水平。

2. 北京市科普资源配置状况评价指标体系的权重确定

这里以第一层次 5 个指标为例，来说明运用模糊层次分析法的应用。

A 建立模糊判断矩阵

这里采用 10/10~18/2 标度建立模糊判断矩阵。一级指标中共 5 个指标的模糊判断矩阵，见表 3-3。

表 3-3 一级指标的模糊判断矩阵

指标	A1	A2	A3	A4	A5
A1	(1,1,1)	(8/12,9/11, 10/10)	(7/13,8/12, 9/11)	(6/14,7/13, 8/12)	(11/9, 12/8, 13/7)
A2	(10/10,11/9, 12/8)	(1,1,1)	(8/10,9/11, 10/10)	(7/13,8/12, 9/11)	(12/8,13/7, 14/6)

指标	A1	A2	A3	A4	A5
A3	(11/9,12/8, 13/7)	(10/10,11/9, 10/8)	(1,1,1)	(8/12,9/11, 10/10)	(13/7,14/6, 15/5)
A4	(12/8,13/7, 14/6)	(11/9,12/8, 13/7)	(10/10,11/9, 12/8)	(1,1,1)	(14/6,15/5, 16/4)
A5	(7/13,8/12, 9/11)	(6/14,7/13, 8/12)	(5/15,6/14, 7/13)	(4/16,5/15, 6/14)	(1,1,1)

B　计算相对重要性程度

依据公式(3-3)，计算第一层次5个指标的相对重要性程度：

$$w_1 = \left(\frac{\sum_{j=1}^{n} a_{lij}}{\sum_{i=1}^{n}\sum_{j=1}^{n} a_{uij}}, \frac{\sum_{j=1}^{n} a_{mij}}{\sum_{i=1}^{n}\sum_{j=1}^{n} a_{mij}}, \frac{\sum_{j=1}^{n} a_{uij}}{\sum_{i=1}^{n}\sum_{j=1}^{n} a_{lij}} \right)$$

$$= (0.1604, 0.1881, 0.2222)$$

$$w_2 = (0.2012, 0.2314, 0.2766)$$

$$w_3 = (0.2390, 0.2859, 0.3371)$$

$$w_4 = (0.2934, 0.3568, 0.4446)$$

$$w_5 = (0.1061, 0.1234, 0.1436)$$

C　计算5个指标的权重

首先按照公式(3-4)计算三角模糊变量$(a_{lij}, a_{mij}, a_{uij})$的期望值：

$$\overline{w_1} = E[w_1]$$

$$= \frac{1}{4}(a_l + 2a_m + a_u)$$

$$= 0.1897$$

$$\overline{w_2} = 0.2352$$

$$\overline{w_3} = 0.2870$$

$$\overline{w_4} = 0.3629$$

$$\overline{w_5} = 0.1241$$

按照公式(3-5)进行归一化处理,得到每个一级指标的权重向量为:

$$W = (0.1582, 0.1962, 0.2394, 0.3027, 0.1035)$$

同样办法,可以得到各个二级指标内部的权重,请计算得到科普资源配置状况评价指标体系的权重见表3-4。

表3-4 科普资源配置状况评价指标体系的权重

一级指标	二级指标	二级指标权重
科普设施规模 A1 0.1582	每百万人拥有科普场馆 B1	0.0339
	每万人拥有科普场馆展厅面积 B2	0.0675
	每万人公共场所科普宣传设施 B3	0.0568
科普人员与机构规模 A2 0.1962	每万人占有科普专职人员 B4	0.0631
	每万人占有科普兼职人员 B5	0.0503
	每万人科普机构数 B6	0.0827
科普经费配置规模 A3 0.2394	科普经费占 GDP 的千分比 B7	0.1596
	人均科普经费水平 B8	0.0798
科普活动组织规模 A4 0.3027	三类主要科普活动参加人次 占地区人口比例 B9	0.1442
	科技活动周参加人次占地区人口比例 B10	0.0700
	科普场馆年参观人次 B11	0.0885

一级指标	二级指标	二级指标权重
科普综合产出效果 A5 0.1035	万人均青少年科技竞赛参加人数 B12	0.0336
	万人均专利申请量 B13	0.0240
	万人均专利授权量 B14	0.0208
	全员劳动生产率 B15	0.0252

二、北京市各区县科普资源配置状况评价

（一）获取原始数据并进行规范化处理

根据 2010 年北京市已发布的相关统计数据和北京市科协的资料统计，考虑到近几年来北京市各区县关于表 3-4 评价体系中的 5 个一级指标变化情况不大，本书选用 2009 年的相关数据作为原始数据，来反映各区县各个指标的具体情况。

为了进行全方位的比较，需要对获得的科普统计指标原始数据进行一定的规范化的无量纲处理。本书采用在评价相对优势方面应用广泛的标准化分数的方法进行数据的规范化处理，以标准差为单位表示某个个体在全部样本中所处位置的相对位置量数。Z 分数以一批数的平均数作为参照点，以标准差作为单位表示距离，由正负号和绝对数值两部分组成，正负号说明原始数是大于还是小于平均数，绝对数值说明原始数距离平均数的远近程度。原始数据全部转换成 Z 分数后，它们的整个分布形态并没有随之发生改变。

Z 分数计算公式为：

$$Z = \frac{X - \overline{X}}{S}$$

式中　X ——原始数据；

　　　$\overline{X}$ ——平均数；

　　　S ——标准差。

标准化后的所有指标数据的均值为 0，方差为 1。

各个区县各个指标的原始数据的标准化处理的步骤具体如下：

（1）计算某一指标的各个区县各项指标值的平均值，$\overline{X} = \dfrac{\sum\limits_{i=1}^{n} X_j}{n}$。

（2）计算每项指标的标准差，$S = \sqrt{\dfrac{\sum\limits_{j=1}^{n}(X_j - \overline{X})^2}{n}}$。

（3）计算各个区县每项指标的标准值，$Z_i = \dfrac{X_i - \overline{X}}{S}$。

各项指标的标准差均大于零，而 Z_i 可能为正值，也可能为负值。如果某区县某项指标的 Z_i 值为正，说明该区县该项指标状况高于该指标的北京市平均水平，而且数值越大，说明此区县在该项指标上的相对优势就更加明显；如果某区县某项指标的 Z_i 值为负值，说明此区县该项指标状况低于北京市平均水平，而且数值越小，说明该区县该项指标的相对劣势就越明显；若 $Z_i = 0$，则说明该区县本项指标处于北京市平均水平。北京市各个区县在各项指标上的原始数据见表3-5，北京市各区县科普资源配置状况规范化数据见表3-6。

（二）标准化科普力度指数

在解决了数据规范化处理和确定指标权重之后，就可算出各个地区在科普实施规模、科普人员与机构规模、科普经费配置规模、科普活动组织规模和科普综合产出效果5个维度的分数。经过上述权重确定方法得到指标权重为 W_i，其中 i 为整数，则该地区在某个维度的得分为：

$$Z_S = \sum Z_i \times W_i$$

由于 Z_S 有可能是个负数，且各个地区的 Z_S 在数值上可能相差很小，为便于理解和使用，对 Z_S 进行变换：

$$N = \frac{Z_S - \min(Z_S)}{\max(Z_S) - \min(Z_S)} \times 100$$

式中　N——该地区在科普人员等某个维度的标准化得分，N 的数值在 0~100 之间。

北京市各区县科普资源配置状况二级指标标准化得分见表3-7。

表3-5　北京市各区县科普资源配置状况原始数据

| 各区县 | A1 | | A2 | | | | A3 | | | | A4 | | A5 | | |
	B1 /个·百万人⁻¹	B2 /m²·万人⁻¹	B3 /个·万人⁻¹	B4 /人·万人⁻¹	B5 /人·万人⁻¹	B6 /个·万人⁻¹	B7 /‰	B8 /元·人⁻¹	B9 /人次·万人⁻¹	B10 /人次·万人⁻¹	B11 /万·人次·年⁻¹	B12 /人·万人⁻¹	B13 /个·万人⁻¹	B14 /个·万人⁻¹	B15 /万元·人⁻¹
东城区	16.27	240.8	1.86	2.37	1.08	0.80	0.45	1.09	951.2	54.25	32.9	2.4	42.97	21.82	282556
西城区	77.2	1103	2.23	29.24	1.17	0.82	1.14	3.27	7814	5.94	956.6	3.4	43.30	19.94	392439
海淀区	8.53	305	1.16	1.11	0.69	1.26	0.99	0.37	5990	1.71	605.9	6.9	88.29	41.33	134629
朝阳区	6.16	347.5	0.97	2.78	0.57	0.86	9.38	3.5	6237	38.9	446	4.3	34.33	15.93	128004
宣武区	12.5	265.8	0.36	1.98	1.27	0.86	2.03	2.06	2679	17.86	16.76	2	10.43	5.56	182654
崇文区	16.83	562.6	2.69	7.04	1.48	0.64	0.86	1.35	8114	673.4	101.5	1.9	7.62	4.57	48988
石景山区	8.47	17.8	2.54	1.88	1.07	0.69	2.51	2.5	2105	16.95	11.05	0.8	39.03	7.19	72906
丰台区	4.56	160.3	16.05	0.74	0.44	1.00	1.44	0.43	3080	2.85	41.27	1.6	16.21	7.86	58464
房山区	4.42	108.7	1.33	1.13	1.19	0.31	3.11	1.1	2873	22.1	222	0.03	3.68	1.90	49609
通州区	3.85	8.47	3.44	1.08	1.3	0.22	3.70	1.35	2117	9.62	27.4	0.75	13.92	5.55	45273
顺义区	6.9	10.8	1.66	1.89	0.97	0.30	1.14	1.46	275.9	4.14	122.6	0.9	6.30	4.78	167293
大兴区	13.67	52.42	0.01	1.2	0.77	0.18	1.28	0.47	365.7	4.56	83.05	0.05	24.77	11.33	41517
昌平区	8.49	318.5	0	2.27	1.02	0.30	2.69	1.9	3212	21.23	299	1.2	28.41	10.96	59153
平谷区	2.35	2.02	10.07	0.99	4.77	0.32	1.71	0.89	3502	7.04	400	0.03	2.52	1.37	44460
怀柔区	5.59	371.5	1.82	0.56	19.75	0.43	2.77	4	821.1	27.93	2	0.8	11.27	3.63	61352
门头沟区	29.09	98.18	0.62	3.05	3.49	0.39	0.91	0.97	112.7	18.18	15.63	0.4	4.12	2.31	47398
密云县	4.38	0	0.37	0.9	2.84	0.39	1.95	1.14	1565	17.51	2.1	0.7	3.17	1.82	46293
延庆县	24.39	493	1.11	3.83	4.25	0.35	1.37	1.05	1689	27.87	445	0.09	2.04	1.14	37877

资料来源：北京市统计年鉴2010，北京科技年鉴2010，北京市科协统计资料2010。

表3-6 北京市各区县科普资源配置状况规范化数据

各区县	A1			A2			A3			A4			A5		
	B1	B2	B3	B4	B5	B6	B7	B8	B9	B10	B11	B12	B13	B14	B15
东城区	0.13	-0.03	-0.21	-0.19	-0.37	0.79	-0.90	-0.50	-0.83	0.00	-0.70	0.48	1.01	1.26	1.87
西城区	3.74	3.18	-0.12	4.01	-0.35	0.86	-0.54	1.60	1.99	-0.32	2.88	1.06	1.02	1.07	3.03
海淀区	-0.33	0.21	-0.39	-0.38	-0.46	2.30	-0.62	-1.19	1.24	-0.35	1.52	3.08	3.11	3.24	0.31
朝阳区	-0.47	0.37	-0.44	-0.12	-0.49	0.99	3.70	1.82	1.34	-0.10	0.90	1.58	0.61	0.66	0.24
宣武区	-0.09	0.07	-0.59	-0.25	-0.32	0.99	-0.08	0.44	-0.12	-0.24	-0.76	0.25	-0.50	-0.39	0.81
崇文区	0.16	1.17	0.00	0.54	-0.28	0.27	-0.68	-0.25	2.12	4.11	-0.43	0.19	-0.63	-0.49	-0.60
石景山区	-0.33	-0.86	-0.04	-0.26	-0.37	0.43	0.16	0.86	-0.36	-0.25	-0.78	-0.44	0.83	-0.22	-0.35
丰台区	-0.56	-0.33	3.42	-0.44	-0.52	1.45	-0.39	-1.13	0.04	-0.34	-0.66	0.02	-0.23	-0.16	-0.50
房山区	-0.57	-0.52	-0.35	-0.38	-0.34	-0.81	0.47	-0.49	-0.04	-0.21	0.04	-0.89	-0.82	-0.76	-0.59
通州区	-0.61	-0.89	0.19	-0.39	-0.32	-1.10	0.78	-0.25	-0.35	-0.29	-0.72	-0.47	-0.34	-0.39	-0.64
顺义区	-0.43	-0.88	-0.26	-0.26	-0.39	-0.84	-0.54	-0.14	-1.11	-0.33	-0.35	-0.39	-0.69	-0.47	0.65
大兴区	-0.02	-0.73	-0.68	-0.37	-0.44	-1.23	-0.47	-1.09	-1.07	-0.33	-0.50	-0.88	0.16	0.20	-0.68
昌平区	-0.33	0.26	-0.69	-0.20	-0.38	-0.84	0.26	0.28	0.10	-0.22	0.33	-0.21	0.33	0.16	-0.49
平谷区	-0.70	-0.92	1.89	-0.40	0.48	-0.78	-0.25	-0.69	0.22	-0.31	0.73	-0.89	-0.87	-0.81	-0.65
怀柔区	-0.50	0.46	-0.22	-0.47	3.95	-0.42	0.30	2.30	-0.89	-0.17	-0.82	-0.44	-0.46	-0.58	-0.47
门头沟区	0.89	-0.56	-0.53	-0.08	0.19	-0.42	-0.66	-0.61	-1.18	-0.24	-0.76	-0.68	-0.79	-0.72	-0.61
密云县	-0.58	-0.92	-0.59	-0.42	0.04	-0.55	-0.12	-0.45	-0.58	-0.24	-0.82	-0.50	-0.84	-0.77	-0.63
延庆县	0.61	0.91	-0.40	0.04	0.36	-0.68	-0.42	-0.53	-0.53	-0.17	0.90	-0.85	-0.89	-0.84	-0.72

注: 根据表3-5数据导出。

表3-7　北京市各区县科普资源配置状况二级指标标准化得分

各区县	A1			A2			A3			A4			A5		
	B1	B2	B3	B4	B5	B6	B7	B8	B9	B10	B11	B12	B13	B14	B15
东城区	18.60	21.83	11.59	6.31	3.31	57.41	0.00	19.83	10.48	7.82	3.24	34.50	47.46	51.46	69.01
西城区	100.00	100.00	13.89	100.00	3.78	59.26	7.73	79.89	96.25	0.63	100.00	49.05	47.84	46.78	100.00
海淀区	8.26	27.65	7.23	1.92	1.29	100.00	6.05	0.00	73.45	0.00	63.26	100.00	100.00	100.00	27.29
朝阳区	5.09	31.50	6.04	7.74	0.67	62.96	100.00	86.23	76.54	5.54	46.51	62.15	37.44	36.80	25.42
宣武区	13.56	24.10	2.24	4.95	4.30	62.96	17.69	46.56	32.07	2.40	1.55	28.68	9.73	11.00	40.83
崇文区	19.35	51.01	16.76	22.59	5.39	42.59	4.59	27.00	100.00	100.00	10.42	27.22	6.47	8.53	3.13
石景山区	8.18	1.61	15.83	4.60	3.26	47.22	23.07	58.68	24.90	2.27	0.95	11.21	42.89	15.05	9.88
丰台区	2.95	14.53	100.00	0.63	0.00	75.93	11.09	1.65	37.09	0.17	4.11	22.85	16.43	16.72	5.81
房山区	2.77	9.85	8.29	1.99	3.88	12.04	29.79	20.11	34.50	3.04	23.05	0.00	1.90	1.89	3.31
通州区	2.00	0.77	21.43	1.81	4.45	3.70	36.39	27.00	25.05	1.18	2.66	10.48	13.77	10.97	2.09
顺义区	6.08	0.98	10.34	4.64	2.74	11.11	7.73	30.03	2.04	0.36	12.63	12.66	4.94	9.06	36.50
大兴区	15.12	4.75	0.06	2.23	1.71	0.00	9.29	2.75	3.16	0.42	8.49	0.29	26.35	25.35	1.03
昌平区	8.20	28.88	0.00	5.96	3.00	11.11	25.08	42.15	38.73	2.91	31.11	17.03	30.57	24.43	6.00
平谷区	0.00	0.18	62.74	1.50	22.42	11.11	14.11	14.33	42.36	0.79	41.69	0.00	0.56	0.57	1.86
怀柔区	4.33	33.68	11.34	0.00	100.00	12.96	25.98	100.00	8.85	3.90	0.00	11.21	10.70	6.20	6.62
门头沟区	35.72	8.90	3.86	8.68	15.79	23.15	5.15	16.53	0.00	2.45	1.43	5.39	2.41	2.91	2.69
密云县	2.71	0.00	2.31	1.19	12.43	19.44	16.80	21.21	18.15	2.35	0.01	9.75	1.31	1.69	2.37
延庆县	29.45	44.70	6.92	11.40	19.73	15.74	10.30	18.73	19.70	3.89	46.41	0.87	0.00	0.00	0.00

注：根据表3-5数据导出。

三、北京市各区县科普资源配置状况评价结果

在计算出某个地区在科普实施规模、科普人员与机构规模、科普经费配置规模、科普活动组织规模和科普综合产出效果5个维度的标准化得分后，再取这5个得分的平均值，即为地区科普力度指数。北京市各区县科普资源科普力度指数见表3-8。

表3-8　北京市各区县科普资源科普力度指数

多个决策单元（DMU）	科普设施规模A1	科普人员与机构规模A2	科普经费配置规模A3	科普活动组织规模A4	科普综合产出效果A5	综合得分
东城区	17.34	22.34	9.92	7.18	50.60	21.48
西城区	71.30	54.35	43.81	65.63	60.92	59.20
海淀区	14.38	34.40	3.02	45.57	81.82	35.84
朝阳区	14.21	23.79	93.11	42.86	40.45	42.88
宣武区	13.30	24.07	32.12	12.01	22.56	20.81
崇文区	29.04	23.52	15.79	70.14	11.34	29.97
石景山区	8.54	18.36	40.87	9.37	19.76	19.38
丰台区	39.16	25.52	6.37	13.79	15.45	20.06
房山区	6.97	5.97	24.95	20.19	1.78	11.97
通州区	8.07	3.32	31.70	9.63	9.33	12.41
顺义区	5.80	6.16	18.88	5.01	15.79	10.33
大兴区	6.65	1.31	6.02	4.03	13.26	6.25
昌平区	12.36	6.69	33.62	24.25	19.51	19.29

多个决策单元（DMU）	科普设施规模 A1	科普人员与机构规模 A2	科普经费配置规模 A3	科普活动组织规模 A4	科普综合产出效果 A5	综合得分
平谷区	20.97	11.68	14.22	28.28	0.75	15.18
怀柔区	16.45	37.65	62.99	4.25	8.68	26.00
门头沟区	16.16	15.88	10.84	1.29	3.35	9.50
密云县	1.67	11.02	19.00	6.84	3.78	8.46
延庆县	27.02	15.62	14.52	23.33	0.22	16.14
最大值	71.30	54.35	93.11	70.14	81.82	59.20
最小值	1.67	1.31	3.02	1.29	0.22	6.25
平均值	18.30	18.98	26.76	21.87	21.07	21.40
标准差	16.16	13.59	22.76	21.07	22.85	13.51

注：根据表3-5数据导出。

从表3-8中可以看出，西城区科普实施规模、科普人员与机构规模、科普经费配置规模、科普活动组织规模和科普综合产出效果的综合评价结果最高，大兴区最低。由此表明，西城区的科普资源配置最好（见表3-9），而大兴区的科普资源配置状况最差。西城区在科普实施投入和科普人员和机构规模上的投入最高，相应的产出也较高，说明西城区在科普资源的投入和使用水平较高，重视科普活动。综合评价平均得分为21.40分，其中7个区县得分高于平均水平，11个区县综合得分低于平均水平。由图3-6可知北京市各区县投入和产出水平参差不齐，在不同的区县显示出明显的不平衡性，西城区的科普资源配置远远领先于其他各县区，达到59.20分，最低的大兴区仅6.25分。海淀和朝阳区也相对较高，其他区县在平均水平周围波动。

表3-9 北京市各区县科普资源科普力度指数排名

多个决策 单元（DMU）	科普设施 规模 $A1$	科普人员与 机构规模 $A2$	科普经费 配置规模 $A3$	科普活动 组织规模 $A4$	科普综合 产出效果 $A5$	综合排名
西城区	1	1	3	2	2	1
朝阳区	10	6	1	4	4	2
海淀区	9	3	18	3	1	3
崇文区	3	7	11	1	11	4
怀柔区	7	2	2	16	13	5
东城区	6	8	15	13	3	6
宣武区	11	5	6	10	5	7
丰台区	2	4	16	9	9	8
石景山区	13	9	4	12	6	9
昌平区	12	14	5	6	7	10
延庆县	4	11	12	7	18	11
平谷区	5	12	13	17	17	12
通州区	14	17	7	5	12	13
房山区	15	16	8	8	16	14
顺义区	17	15	10	15	8	15
门头沟区	8	10	14	18	15	16
密云县	18	13	9	14	14	17
大兴区	16	18	17	17	10	18

注：根据表 3-5 数据导出。

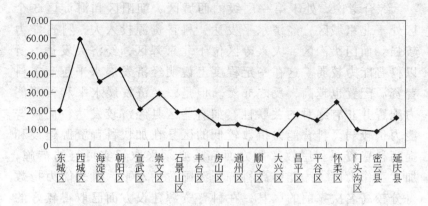

图 3-6　北京市各区县科普力度指数得分

（根据表 3-5 数据导出）

根据各区县科普力度指数得分，可以将北京市科普资源配置水平分为 4 个层次：

第一层（30 分以上），该层次属于科普资源配置优秀地区，其中包括西城区、朝阳区和海淀区，说明这 3 个地区科普资源配置水平相对其他地区有较大优势，投入较大，科普能力较强。

第二层（20～30 分），该层次属于科普资源配置良好地区，其中包括崇文区、怀柔区、东城区、宣武区和丰台区 5 个区县。该层级的科普资源配置水平良好，投入和产出适中。

第三层（10～20 分），该层次属于科普资源配置较差的地区，其中包括石景山区、昌平区、延庆县、平谷区、通州区、房山区和顺义区 7 个区县，该层级地区的科普资源配置水平属于一般较差，还需要加强科普资源的配置。

第四层（10 分以下），该层次属于科普资源配置差的地区，其中包括门头沟区、密云县和大兴区 3 个区县，该层级科普资源配置水平差，需要提高科普实施、人员机构和经费等投入，提高科普活动组织规模和综合产出等水平。

　　综合考虑，处于第一层级的西城区、朝阳区和海淀区 3 个区处于北京城区，经济水平发达，科普资源投入大，科普能力较强。而门头沟区、大兴等区位于北京郊区，经济欠发达，所以科普能力较弱。这在一定程度上说明经济发展水平越高，科普资源配置也越高，反之亦然。但是，经济发展水平和科普能力配置并非有绝对的关联性。如有些区县经济较发达，而科普能力仍较弱。科普能力指数较低的区县在加快科普资源建设和提高科普资源利用效率两方面都还必须采取切实可行的措施，加大工作力度，才能提高科普资源配置的水平。科普能力指数得分较高名次靠前的区县，在科普资源建设方面已取得较好的成效，还可以通过进一步加强宣传、引导等措施，提高公众参与科普活动的积极性，以提升科普资源的利用率，提高科普产出水平。

第三节　基于 DEA 的北京市科普
资源状况效率评价

一、DEA 评价方法介绍

　　数据包络分析（Data Envelopment Analysis，DEA）是一种对若干同类型的具有多输入、多输出的决策单元进行相对效率与效益方面评价分析的有效方法，是一种数学规划方法。1978 年，Charnes Cooper 与 Rhodes，创建了第一个 DEA 模型，即 CCR 模型，标志着数据包络分析方法正式诞生。DEA 方法的基本思想源于经济学中的相关理论，建立在决策单元的"Pareto 最优"概念之上，通过利用线性规划技术确定生产系统的效率前沿面（或称为前沿生产函数），进而得到各决策单元的相对效率以及规模效益等方面的信息。数据包络分析方法一般被用来评价一组多个决策单元（Decision Making Unit，DMU）之间的相对效率。决策单元可以理解为在社会、经济和管理领域中投入一定要素以产生一定产品的实体。在该系统中，具有相同目标、相同外部环境和相同投入产出指标的同类型决策单元可以构成为一个决策单元集合。

数据包络分析是在一种用来评估公共部门与非营利组织的线性规划方法的基础上发展而来的。DEA 方法将组织中的每个服务单元与所有其他的服务单元做比较，并且依据资源输出与输入的比例计算其效益。通过各种 DEA 模型的应用，数据包络分析被普遍应用于解决各种经济问题。根据确立基础的不同，数据包络方法可以分为投入导向和产出导向两种类型。通常测算某决策单元相对于给定产出水平下的最小可能投入的效率采用投入导向的 DEA 方法，而产出导向的 DEA 方法则是为了度量实际产出与给定投入水平的最大可能产出差距。在规模收益不变的情况下，两种方法的效率测算结果相等。

数据包络分析法效率分析：

（1）技术效率（OTE），又称为技术与规模综合效率，衡量技术在稳定使用（即没有技术创新）过程中，生产者获得最大产出的能力，表示生产者的生产活动接近其生产边界（最大产出）的程度，即反映了生产者利用现有技术的有效程度。其由固定规模报酬下的 CRR 模型所求得。若技术效率值为 $TE < 1$，则需要以（$1 - TE$）的比例，将要素投入量予以递减。一般技术效率可以分解成为纯技术效率和规模效率两个效率的乘积。

（2）纯技术效率（PTE），表示任一 DMU 在同一规模的最大产出下，最小的要素投入成本，由变动规模报酬的 C^2GS^2 模型所求得，可以由此衡量在投入导向下 DMU 的技术无效率有多少是由纯技术无效率所造成。

（3）规模效率（SE），表示任一 DMU 在最大产出下，技术效率的生产边界的投入量与最合适规模下的投入量的比值，为由固定规模报酬下的技术效率值除以变动规模报酬下的纯技术效率值所得到的效率值，可以由此衡量在投入导向下，任一 DMU 是否处于最适合生产规模，若处于递减规模报酬，则应减少生产规模，减少要素投入；反之，若处于递增规模报酬，则应扩大生产规模，增加要素投入。

下面以卞亦文博士的论文《基于 DEA 理论的环境效率评价方法

研究》为参考来详细说明 DEA 的效率评价原理。DEA 效率评价思想几何示意图如图 3-7 所示。

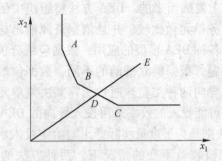

图 3-7　DEA 效率评价思想几何示意图

如图 3-7 所示有 5 个决策单元 $A \sim E$，每个决策单元投入两种资源 x_1 和 x_2 进行生产活动，相应的输出为 y。由图 3-7 中可见，DMUE 是技术无效的单元，其他的决策单元都是有效的，且处于生产前沿面（包络面）上；该生产前沿面是一系列的分线段组成的等产量线的组合，使得观测点均位于面的上方。对于无效的决策单元 E 来说，在前沿面上对应的决策单元为 D，显然可以表示为 B 和 C 的线性组合；而用 D 点的投入也可以生产出不少于 E 的产出，这说明了 E 使用了过多的资源；相对于 D 来说，E 是无效的，而 D 是技术有效的。DEA 正是基于这一思想，通过观测数据构造线性规划模型，求出各个决策单元的相对效率，当决策单元处于包络面上时，效率值为 1。如果将成本分摊方案视为 DMU，那么可通过排序来进行多属性决策。

数据包络分析法克服了传统效率衡量法的缺点，成为更加一般化的衡量模式。数据包络分析在效率评价方面，有以下 4 个优点：

（1）DEA 可同时处理多项投入与多项产出，且不需事先设定一组权重。

（2）产出和投入指标之权重决定是由数学规划所产生，任一决策一单位均无法按照主观判断找到另一组权重，可以排除主观判断的成分，较为公平。

（3）DEA 所求解的效率值可视为一综合性指标，可以用来表达经济学上总要素生产力的概念。

（4）由 DEA 方法中的差额变量及效率值可了解组织资源使用状况，并指出效率有待改进之处，以达到全面效率。

二、DEA 数学模型

在经济生活中，常常需要对具有可比性、同质性的相关经济部门进行效率评价，DEA 理论一经提出，其应用价值就得到了广泛关注。DEA 模型很多，C^2R 模型和 C^2GS^2 模型是最基本的模型。C^2R 模型可以对决策单元规模有效性和技术性同时进行评价，C^2R 模型中 DEA 有效的决策单元既是规模适当又是技术管理水平高的；C^2GS^2 模型用于对决策单元的技术有效性进行评价。

（一）C^2R 模型

C^2R 模型是第一个 DEA 模型。设有 n 个决策单元 DMU_i（$1 \leqslant i \leqslant n$）。每一个决策单元 DMU_i 有 m 项输入和 s 项输出，在经济效率的评价中追求较小的输入，较大的输出。将 DMU_i 的输入和输出以及权向量记为向量形式：

$$x_i = (x_{1i}, x_{2i}, \cdots, x_{mi})^T > 0, \ i = 1, 2, \cdots, n$$

$$y_i = (y_{1i}, y_{2i}, \cdots, y_{si})^T > 0, \ i = 1, 2, \cdots, n$$

$$v = (v_1, v_2, \cdots, v_m)^T$$

$$u = (u_1, u_2, \cdots, u_s)^T$$

其中，v 和 u 分别为 m 项输入和 s 项输出的权向量，则 DMU_i 的总输入 I_i 和总输出 O_i 为：

$$I_i = v_1 x_{1i} + v_2 x_{2i} + \cdots + v_m x_{mi}$$

$$= v^T x_i$$

$$O_i = u_1 y_{1i} + u_2 y_{2i} + \cdots + u_s y_{si}$$

$$= u^T y_i$$

对于权系数 v 和 u 每个决策单元 DMU_i 的效率评价指数为：

$$h_i = \frac{u^T y_i}{v^T x_i}, \ i = 1, 2, \cdots, n$$

对每一个 DMU_i，求使 h_i 达到最大值的权向量。

设 DMU_{i_0} 的输入和输出为 (x_{j_0}, y_{j_0})，则评价 DMU_{i_0} 有效性的 C^2R 模型为：

$$
\begin{cases}
\max \dfrac{u^T y_0}{v^T x_0} \\[2mm]
s. t \ \dfrac{u^T y_i}{v^T x_i} \leqslant 1 \\[2mm]
1 \leqslant i \leqslant n, u \geqslant 0, v \geqslant 0
\end{cases}
$$

使用 Charnes-Cooper 变换，令 $x_0 = x_{i_0}$，$y_0 = y_{i_0}$，故 $h_{i_0} = \dfrac{u^T y_0}{v^T x_0}$。$v \geqslant 0$ 表示对于 $i = 1, 2, \cdots, m \geqslant 0, v_i \geqslant 0$，且至少存在某 $i (1 \leqslant i \leqslant m)$，$v_i > 0$。令：

$$t = \frac{1}{v^T x_i}$$

$$w = tv$$

$$\mu = tu$$

则 C^2R 模型可化为等价的线性规划问题：

$$
\begin{cases}
\max h_{i_0} = \mu^T y_0 \\[2mm]
s.t.\ \omega^T x_i - \mu^T y_i,\ i = 1,2,\cdots,n \\[2mm]
\omega^T x_0 = 1 \\[2mm]
\omega \geqslant 0,\ \mu \geqslant 0
\end{cases}
$$

若线性规划最优值 $\mu^T y_0 = 1$，则称 DMU_{i_0} 为弱 DEA 有效；若 $\mu^T y_0 = 1$，并且 $\omega > 0, \mu > 0$，则称 DMU_{i_0} 为 DEA 有效。DEA 有效则表明各项投入及各项产出对其有效性作了不可忽视的贡献。

线性规划的解 u_i^* 和 w_i^* 称为 DMU_i 的最佳权向量，它们是使 DMU_i 的效率值 h_i 达到最大值的权向量。显然，通过上述模型能够评价决策单元 i 相对于其他决策单元是否有效。

为了讨论及应用方便，进一步引入松弛变量 s^+ 和剩余变量 s^-，将上面的不等式约束变为等式约束，则可变为：

$$
\begin{cases}
\min\left[\theta - \varepsilon(e_1^T s^- + e_2^T s^+)\right] \\[3mm]
s.t \displaystyle\sum_{j=1}^{n} \lambda_j x_j + s^- = \rho x_0 \\[4mm]
\displaystyle\sum_{j=1}^{n} \lambda_j y_j - s^+ = y_0 \\[4mm]
\displaystyle\sum_{j=1}^{n} \lambda_j \leqslant 1 \\[4mm]
e_1 = (1,1,\cdots,1)^T \in R^m, e_2 = (1,1,\cdots,1)^T \in R^s \\[2mm]
\lambda_j \geqslant 0, j = 1,2,\cdots,n, s^- \geqslant 0, s^+ \geqslant 0 \\[2mm]
\varepsilon\ \text{为非阿基米德无穷小}
\end{cases}
$$

通过 C^2R 模型，可以判定生产活动是否同时技术有效和规模有效：

（1）$\theta^* = 1$，$s^{*-} = 0$，$s^{*+} = 0$，且此时决策单元 i_0 为 DEA 有效。决策单元 i_0 的生产活动同时为技术有效和规模有效。

（2）$\theta^* = 1$，但至少有某个输入或输出松弛变量大于零，此时决策单元 i_0 为弱 DEA 有效。决策单元 i_0 不是同时技术有效和规模有效，此时的经济活动不是同时技术效率最佳和规模效益最佳。

（3）$\theta^* < 1$ 决策单元 i_0 不是 DEA 有效，决策单元 i_0 的生产活动既不是技术效率最佳，也不是规模效益最佳。

（二）C^2GS^2 模型

因为 C^2R 模型假设决策单元可以通过等比例增加投入以扩大产出规模，即决策单元规模的大小不会影响其效率，然而现实中这一假设往往不成立，也就是说规模报酬不变的假设是很少符合实际情况的，所以 C^2R 模型并不能单纯评价 DMU 的纯技术有效性。C^2GS^2 模型中规模报酬可变的假设使得在计算技术效率时可以去除规模效应的影响：

$$
\begin{cases}
\max \dfrac{u^T y_0 + \sum\limits_{i=1}^{p} \mu_i}{v^T x_0} \\
s.t.\ v^T \overline{x_{ij}} - u^T \overline{y_{ij}} - \mu_i \geqslant 0 \\
i = 1, 2, \cdots, p,\ j = 1, 2, \cdots, n \\
v \geqslant 0, u \geqslant 0
\end{cases}
$$

其中，(x_0, y_0) 为决策单元 DMU 的输入和输出，使用 Charnes-Cooper 变换可以将它转换成一个等价的线性规划问题。

令 $t = \dfrac{1}{v^T x_i}$，$w = tv$，$\mu = tu$：

$$\begin{cases} \max u^T y_0 + \sum_{i=1}^{p} \eta_i \\ s.t.\ w^T \overline{x_{ij}} - u^T \overline{y_{ij}} - \eta_i \geqslant 0 \\ w^T x_0 = 1 \\ i = 1,2,\cdots,p,\ j = 1,2,\cdots,n \\ \omega \geqslant 0,\ \mu \geqslant 0 \end{cases}$$

基于输入评价的 DMU 纯技术效率的具有非阿基米德无穷小的 $C^2 GS^2$ 模型为:

$$\begin{cases} \min[\,\sigma - \varepsilon(e_1^T s^- + e_2^T s^+)\,] \\ s.t\ \sum_{j=1}^{n} \lambda_j x_j + s^- = \sigma x_0 \\ \sum_{j=1}^{n} \lambda_j y_j - s^+ = y_0 \\ \sum_{j=1}^{n} \lambda_j = 1 \\ e_1 = (1,1,\cdots,1)^T \in R^m,\ e_2 = (1,1,\cdots,1)^T \in R^s \\ \lambda_j \geqslant 0,\ j = 1,2,\cdots,n,\ s^- \geqslant 0,\ s^+ \geqslant 0 \end{cases}$$

ε 为非阿基米德无穷小

该模型计算出的 DMU 效率是纯技术效率:

(1) $\sigma^* = 1$, $s^{*-} = 0$, $s^{*+} = 0$, 则 DMU 为 DEA 纯技术有效。

(2) $\sigma^* = 1$, 则 DMU 为弱 DEA 纯技术有效。

(三) 规模效率

计算出技术效率和纯技术效率之后, 可用系列公式求出规模效率：

$$S^* = \frac{\theta^*}{\sigma^*}$$

C^2R 意义下的有效性 θ^* 为纯技术有效性和规模有效性的综合，为技术效率；C^2GS^2 意义下的有效性 σ^* 为单纯的技术有效性，即纯技术效率；S^* 为单纯的规模有效性：

(1) $S^* = 1$，当且仅当 DMU 为规模报酬不变。

(2) $S^* < 1$，若 $\theta^* = \rho^*$ 当且仅当 DMU 为规模报酬递增。

(3) $S^* < 1$，若 $\sigma^* = \rho^*$ 当且仅当 DMU 为规模报酬递减。

三、实证分析

(一) 模型的选择

本章介绍了 DEA 的两个基本模型，即 C^2R 模型和 C^2GS^2 模型。国外对于 DEA 的研究比较深入，评价模型多达几十个。这些模型都各有优缺点，并且评价结果的客观性和准确性取决于使用哪种模型。目前理论比较成熟、应用比较广泛的模型主要是 C^2R 模型和 C^2GS^2 模型。C^2R 模型验证 DMU 的规模有效性和技术有效性，即投入、产出是否合理，有效的决策单元既是规模适当又是技术管理水平高的；C^2GS^2 模型检验 DMU 的技术有效性，即对特定的 DMU 来说，在规模不变情况下技术管理水平是高的。

DEA 模型有投入导向的 DEA 模型，即，在产出不变的情况下，求出投入最大比例的减少，作为决策的单元技术无效率的度量；相应的，产出导向的 DEA 模型，即在投入不变的情况下，将产出最大比例的增加作为技术无效率的衡量。由于本研究输入指标单一，输入指标易于控制，且与输出指标之间不存在比例关系，应用 DEA 模型时不需对指标数据进行处理。因此，本章采用基于输入的 C^2GS^2 模型来验证 DMU（各区县科普资源配置）的技术有效性，同时，采用 C^2R 模型验证北京市各区县科普资源配置状况的规模有效性，即检验投入产出是否合理。评价的输入和输出指标见表 3-10。

表 3-10　北京市各区县科普资源配置评价输入输出指标

	输 入 指 标		输 出 指 标
$I1$	科普设施规模 A1	$O1$	科普活动组织规模 A4
$I2$	科普人员与机构规模 A2	$O2$	科普综合产出效果 A5
$I3$	科普经费配置规模 A3		

科普设施规模、科普人员与机构规模和科普经费配置规模，都是北京市各区县对科普资源的投入，科普设施是科普资源发挥有效作用的基础，科普人员与机构是科普活动得益实施的前提，同样，科普经费是科普活动和产出的必要条件，所以将这三项作为 DEA 效率分析的输入指标；科普活动的组织规模，反映了北京 18 个区县在前三项投入之后，各区县的科普资源的利用情况，科普综合产出效果就是科普资源配置的效率效果，故而这两项指标作为 DEA 效率分析的输出指标。

（二）实证结果

对北京市科普资源配置现状的效率评价，本书采用 DEA-Solver-LV 软件，该软件可以解决 7 种 DEA 模型（CCR-I、CCR-O、BCC-I、BCC-O、AR-I-C、NCN-I-C、Cost-C）。并且最多可以输入 50 个决策单元的问题。由于科普资源的投入是可以控制的，所以采用输入导向的模型，用 DEA-Solver-LV 软件的 CCR-I 模型，即 C^2R 输入模型，来验证 DMU_i 规模有效性；用 BCC-I 模型，即 C^2GS^2 输入模型，来验证 DMU_i 的技术有效性，从而检验北京市各区县的科普资源投入和产出是否合理。将表 3-8 中的 DMU 输入和输出指标数据代入，经软件计算的结果见表 3-11。

表 3-11　北京市各区县科普资源配置效率

DMU	技术效率 (OTE)	纯技术效率 (PTE)	规模效率 (SE)	规模报酬 (RTS)
东城区	0.76169	0.86546	0.88010	—

续表 3-11

DMU	技术效率 （OTE）	纯技术效率 （PTE）	规模效率 （SE）	规模报酬 （RTS）
西城区	0.52020	1.00000	0.52020	↓
海淀区	1.00000	1.00000	1.00000	−
朝阳区	0.99044	1.00000	0.99044	↓
宣武区	0.36110	0.46456	0.77729	↑
崇文区	1.00000	1.00000	1.00000	−
石景山区	0.43800	0.62875	0.69663	↑
丰台区	0.31104	0.70749	0.43964	−
房山区	1.00000	1.00000	1.00000	−
通州区	0.80918	0.87347	0.92640	−
顺义区	0.78878	1.00000	0.78878	↑
大兴区	1.00000	1.00000	1.00000	−
昌平区	1.00000	1.00000	1.00000	−
平谷区	0.79087	0.80145	0.98679	−
怀柔区	0.09570	0.22386	0.42750	−
门头沟区	0.06250	0.50278	0.12431	−
密云县	1.00000	1.00000	1.00000	−
延庆县	0.49457	0.57339	0.86254	−
平均值	0.69023	0.81340	0.80115	

注：↓表示规模报酬递减；↑表示规模报酬递增；−表示规模报酬不变。数据来源于北京市统计年鉴 2010。

如图 3-8 所示，北京市 18 个区县的科普资源配置投入和产出效率参差不齐，有些区县效率达到 1，即科普资源配置有效，而有些区县效率很低。规模效率反映了北京市各区县的科普资源配置效率，即反映北京市各区县输出与输入科普资源的比例。北京市科普资源配置规模效率的平均值为 0.80115，说明北京大部分的科普资源配置接近最适规模，但是还有接近 20% 的规模无效率。其中西城区和朝阳区的规模报酬递减，说明这两个区的科普资源投入规模太大，应减少资源投入规模；而宣武区、石景山区和顺义区的规模报酬递增，这说明这 3 个区的投入规模不足，提高 1 单位的投入，可以带来高于 1 单位的产出；其他 13 个区的规模报酬不变，代表增加 1 单位投入便可获得 1 单位产出，即这些区县的科普资源配置在现有状态下，再增加投入时其输出也按现有的比例增加。

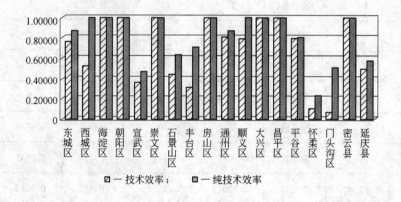

图 3-8 北京市科普资源配置效率比较柱状图
（数据来源于北京市统计年鉴 2010）

此外，由表 3-11 可以看出，北京市各区县科普资源配置的平均纯技术效率为 0.81340，则可知，由于投入资源管理不佳，造成 18.66% 的纯技术无效率；北京市的平均整体效率为 0.69023，说明就整个总效率值而言，北京区县的科普资源投入运行效率不佳，造成 30% 左右的无效率。北京市各区县科普资源配置效率评价排名见表 3-12。

表 3-12 北京市各区县科普资源配置效率评价排名

CCR-I			BCC-I		
排　名	DMU	分　数	排　名	DMU	分　数
1	海淀区	1	1	西城区	1
1	崇文区	1	1	海淀区	1
1	房山区	1	1	朝阳区	1
1	大兴区	1	1	崇文区	1
1	昌平区	1	1	房山区	1
1	密云县	1	1	顺义区	1
7	朝阳区	0.9904	1	大兴区	1
8	通州区	0.8092	1	昌平区	1
9	平谷区	0.7909	1	密云区	1
10	顺义区	0.7888	10	通州区	0.8735
11	东城区	0.7617	11	东城区	0.8655
12	西城区	0.5202	12	平谷区	0.8015
13	延庆县	0.4946	13	丰台区	0.7075
14	石景山区	0.4380	14	石景山区	0.6287
15	宣武区	0.3611	15	延庆县	0.5734
16	丰台区	0.3110	16	门头沟区	0.5028
17	怀柔区	0.0957	17	宣武区	0.4646
18	门头沟区	0.0625	18	怀柔区	0.2239

由以上排名结果来看，C^2R 模型下海淀区、崇文区、房山区、大兴区、昌平区以及密云县技术有效，是有效的 DMU，说明这 6 个区县不仅对科普资源的管理水平相对较高而且投入规模适当；而在 C^2GS^2 模型下，西城区、海淀区、朝阳区、崇文区、房山区、顺义区、大兴区、昌平区和密云县的科普资源配置的效率值为 1，是有效的 DMU，说明这些区县在给定输入的情况下对科普资源的管理水平相对较高。

综上所述，海淀区、崇文区、房山区、大兴区、昌平区以及密云县的科普资源配置合理、活动组织较多，综合产出效果良好。虽然大兴区和密云县的科普能力指数较低，但是在技术上是有效地，即这两个区的投入不足，并非产出效率低，所以这两个区要加大投资力度，提高产出规模；而西城区、朝阳区、顺义区科普资源配置非规模有效，说明科普设施、人员与机构、经费配置规模冗余，可以适当地减少科普资源的投入。

由表 3-13 可知，北京市科普资源配置方面投入冗余的有东城区、西城区、朝阳区、宣武区、石景山区、丰台区、通州区、顺义区、平谷区、怀柔区、门头沟区和延庆县。

由表 3-14 可知，北京市科普资源配置方面投入冗余的有东城区、宣武区、石景山区、丰台区、通州区、平谷区、怀柔区、门头沟区和延庆县。

使用数据包络分析研究北京市各区县科普资源配置状况的意义，不仅是对科普资源配置效率进行排名。而且通过数据包络分析的投影数据，还可以判断北京市各区县在科普资源配置的效率方面，哪些投入存在冗余，冗余能够减少多少，哪些产出不足，不足能够增加多少，哪些方面可以改进，等等，从而有助于北京市 18 个区县调整投入产出结构，提高科普资源配置水平。

本章分别采用两个输入型 DEA 分析模型，对北京市各区县的科普资源配置效率改进方向进行了分析。从 BCC-I 模型角度看，对东城区、宣武区等 9 个纯技术效率小于 1 的区县来说，在维持产出不变的情况下，科普设施规模、科普人员与机构规模和科普经费配置规模的投入都可以或多或少的减少一定比例（见表 3-14 可节约或可

表 3-13　CCR-I 投入产出冗余短缺

模型		CCR-I									
		冗余 I1		冗余 I2		冗余 I3		短缺 O1		短缺 O2	
DMU	分数	目标值	可节约或可提高比例/%	目标值	可节约或可提高比例/%	目标值	可节约或可提高比例/%	目标值	可节约或可提高比例/%	目标值	可节约或可提高比例/%
东城区	0.7616	13.21	-23.83	17.02	-23.83	7.40	-25.36	24.83	245.83	50.60	0.00
西城区	0.5201	35.81	-49.78	28.27	-47.98	22.79	-47.98	65.63	0.00	60.92	0.00
海淀区	1	14.38	0.00	34.40	0.00	3.02	0.00	45.57	0.00	81.82	0.00
朝阳区	0.9904	14.08	-0.96	23.56	-0.96	29.44	-68.38	42.86	0.00	40.45	0.00
宣武区	0.3611	4.80	-63.89	8.69	-63.89	2.01	-93.74	12.01	0.00	22.56	0.00
崇文区	1	29.04	0.00	23.52	0.00	15.79	0.00	70.14	0.00	11.34	0.00
石景山区	0.4380	3.74	-56.20	8.04	-56.20	1.07	-97.37	10.80	15.19	19.76	0.00
丰台区	0.3110	5.06	-87.08	7.94	-68.90	1.98	-68.90	13.79	0.00	15.45	0.00
房山区	1	6.97	0.00	5.97	0.00	24.95	0.00	20.19	0.00	1.78	0.00

续表3-13

模型		CCR-I									
		冗余 I1		冗余 I2		冗余 I3		短缺 O1		短缺 O2	
DMU	分数	目标值	可节约或可提高比例/%	目标值	可节约或可提高比例/%	目标值	可节约或可提高比例/%	目标值	可节约或可提高比例/%	目标值	可节约或可提高比例/%
通州区	0.8092	5.63	-30.18	2.69	-19.08	13.42	-57.67	9.63	0.00	9.33	0.00
顺义区	0.7888	4.58	-21.12	4.86	-21.12	2.89	-84.68	7.39	47.54	15.79	0.00
大兴区	1	6.65	0.00	1.31	0.00	6.02	0.00	4.03	0.00	13.26	0.00
昌平区	1	12.36	0.00	6.69	0.00	33.62	0.00	24.25	0.00	19.51	0.00
平谷区	0.7909	12.11	-42.26	9.24	-20.91	11.24	-20.91	28.28	0.00	7.27	874.29
怀柔区	0.0957	1.57	-90.43	3.60	-90.43	0.38	-99.39	4.80	12.83	8.68	0.00
门头沟区	0.0625	1.01	-93.75	0.99	-93.75	0.66	-93.87	1.54	18.85	3.35	0.00
密云县	1	1.67	0.00	11.02	0.00	19.00	0.00	6.84	0.00	3.78	0.00
延庆县	0.4946	9.82	-63.66	7.73	-50.54	7.18	-50.54	23.33	0.00	4.84	999.90

表3-14 BCC-I 投入产出冗余短缺

模型		BCC-I										
		冗余 $I1$		冗余 $I2$		冗余 $I3$		短缺 $O1$		短缺 $O2$		
DMU	分数	目标值	可节约或可提高比例/%	目标值	可节约或可提高比例/%	目标值	可节约或可提高比例/%	目标值	可节约或可提高比例/%	目标值	可节约或可提高比例/%
东城区	0.8654	10.86	-37.38	19.34	-13.45	4.39	-55.73	26.66	271.28	50.60	0.00
西城区	1	71.30	0.00	54.35	0.00	43.81	0.00	65.63	0.00	60.92	0.00
海淀区	1	14.38	0.00	34.40	0.00	3.02	0.00	45.57	0.00	81.82	0.00
朝阳区	1	14.21	0.00	23.79	0.00	93.11	0.00	42.86	0.00	40.45	0.00
宣武区	0.4646	6.18	-53.54	11.18	-53.54	13.50	-57.98	12.01	0.00	22.56	0.00
崇文区	1	29.04	0.00	23.52	0.00	15.79	0.00	70.14	0.00	11.34	0.00
石景山区	0.6287	5.37	-37.13	11.55	-37.13	16.91	-58.63	10.84	15.68	19.76	0.00
丰台区	0.7075	10.56	-73.04	18.05	-29.25	4.51	-29.25	25.04	81.61	47.94	210.27
房山区	1	6.97	0.00	5.97	0.00	24.95	0.00	20.19	0.00	1.78	0.00

第三节 基于DEA的北京市科普资源状况效率评价 ·69·

续表3-14

模型		BCC-I									
		冗余 I1		冗余 I2		冗余 I3		短缺 O1		短缺 O2	
DMU	分数	目标值	可节约或可提高比例/%	目标值	可节约或可提高比例/%	目标值	可节约或可提高比例/%	目标值	可节约或可提高比例/%	目标值	可节约或可提高比例/%
通州区	0.8735	7.05	-12.65	2.90	-12.65	12.80	-59.62	9.63	0.00	10.40	11.50
顺义区	1	5.80	0.00	6.16	0.00	18.88	0.00	5.01	0.00	15.79	0.00
大兴区	1	6.65	0.00	1.31	0.00	6.02	0.00	4.03	0.00	13.26	0.00
昌平区	1	12.36	0.00	6.69	0.00	33.62	0.00	24.25	0.00	19.51	0.00
平谷区	0.8015	14.78	-29.54	9.36	-19.85	11.39	-19.85	28.28	0.00	13.05	999.90
怀柔区	0.2239	3.68	-77.61	8.06	-78.61	14.10	-77.61	6.61	55.55	8.68	0.00
门头沟区	0.5028	8.13	-49.72	7.65	-51.82	5.45	-49.72	11.98	826.25	26.38	687.90
密云县	1	1.67	0.00	11.02	0.00	19.00	0.00	6.84	0.00	3.78	0.00
延庆县	0.5734	12.80	-52.62	8.96	-42.66	8.32	-42.66	23.33	0.00	16.92	999.90

提高比例一栏所示)。以纯技术效率值最低的怀柔区为例来说，怀柔区科普资源配置的纯技术效率为 0.2239，说明有 77.61% 的投入被无效率地浪费了。假如怀柔区能够在生产前沿面上配置科普资源（即 DEA 有效），那么，应当将科普设施规模投入降低 77.61%、科普人员与机构规模降低 78.61%，科普经费配置规模的投入降低22.61%，而怀柔区科普资源配置的产出仍可保持产出不变。

第四章 科普资源共享的投资成本分摊问题

第一节 科普资源共享的投资成本分摊问题概述

科普资源共享过程中，涉及科普资源的投资问题。将参与共享的成员单位看成是一个联盟，那么，科普资源的投资成本要在联盟的各个成员之间进行合理分摊。成本的分摊是联盟合作的一个非常重要的问题，科普共享资源的成本分配就是指在合作联盟中各成员从共享资源的成本中分得的各自应得的份额。对于参与合作的成员来说，获得最大的利益分得最少的成本是其最终的目的，在利益一定的条件下，合理的成本分配策略决定着合作联盟的运行成功与否。影响联盟稳定性的因素很多，比如成员企业间的核心资源的贡献问题、收益成本的分配问题、合作诚意、信任状况等。

一、科普资源共享投资成本分摊的原则

在制定合理的成本分摊方案时应当遵循以下原则：

（1）公平民主原则。合作联盟产生的总成本应该在所有成员之间进行分配，合作产生的总成本应当等于各成员获得的成本份额之和。所有成员企业都应承担合作产生的成本，不能出现某些成员不承担成本而另一些成员承担成本的情况。在成本分摊方案的决策过程中，各参与成员可以从自身的角度提出原始的成本分配方案，而核心企业则应该引导所有合作伙伴确定最后的成本分配方案。联盟成员成本分配方案的群体决策过程充分体现了决策的民主性，使得

最后制定的成本分配方案更加合理，并对各成员企业具有较强的激励性。

（2）协商原则。在合作成本的分配过程中，最容易产生分歧，产生纠纷从而最终导致合作的失败。联盟中各成员应当本着实事求是、充分协商的原则，谋求共同的发展，因为只要有一个成员如果不满足分配结果而退出都会导致联盟的破裂。

（3）成本与收益匹配原则。成本与收益相匹配原则是指联盟中在进行成本的分摊时，应充分考虑各成员参与该联盟获得的收益。一般来说，联盟成员所获得的收益越大，其所分得的成本份额应当越大，如果不考虑成本与收益的相关性，参与者就会缺乏动力去承担成本。

（4）提高效率原则。以科学的成本分配理论为基础进行共享成本的分摊，才会让联盟成员接受分配结果，但是联盟分配中要考虑效率原则，尽可能地提高分配效率从而提高合作效率，使各参与者都实现最大的收益基础上承担最合理的成本。

二、科普资源共享成本分摊的作用

资源共享内部收益和成本分摊，是合作联盟能否有效和持久运转的决定性因素。科普资源共享联盟内部的投资成本和收益的分摊，不仅是联盟参与者的权益能否得到保障的关键，而且直接影响到参与者能否积极参与联盟、发挥创造性才能程度的关键。

（1）科普资源共享成本合理分摊是维持参与者合作关系的根本保证。

联盟稳定发展的重点是建立并维护联盟中成员间的合作伙伴关系，使联盟成员相互协调，各尽所能地发挥自己的优势，在实现自身利益的同时，尽可能地降低共享成本，实现联盟整体利益最大化的目标。因此，科普资源共享联盟的合作伙伴关系的维护是联盟稳定的关键。但是科普资源共享联盟中的每一个成员都是一个独立的法人，它有自己完整的组织机构，是一个理性的组织，每个成员都有自己的利益目标，都想获得尽可能的利益，当然它更不愿意自己的利益受到损害。这就涉及在科普资源共享成本如何在联盟成员间进行公平、合理分配的问题。如果成本的分配公平、合理，就会使现有的共享合作关系得到巩固和加强，反之，如果成本分配没有做到公平、合理，就会损害联盟中成员间的合作关系。

（2）科普资源共享成本合理分摊是激励联盟成员间相互协助的动力。

激励理论中提到，个体工作努力程度是与个体的目标以及个体需要满足的程度有关。当个体的需要得到较好满足时，他就会努力工作，反之，他就会消极怠工。在此分析一下，参与者参与到科普资源共享联盟中有两个条件：一是在科普资源共享中获得的整体利益要远大于未参与共享联盟之前所有参与者独自获得的利益之和；二是参与科普资源共享联盟之后，联盟中各参与者所获得的利益要大于没有参与共享联盟时所获得的利益。只有满足上述两个条件之后，参与者才愿意加入联盟并且维护联盟的稳定性。如果资源共享联盟中某个参与者获得的成本大于参加共享联盟之前所获得的利益，或者他认为联盟中的成本分配不公平，那么这个参与者就会与这个联盟中的其他成员合作，或者直接退出该联盟，自己单干，从而降低资源共享联盟合作的效率，损害整个共享联盟的利益。相反，如果他觉得共享联盟中的成本分配公平合理，即使短期内他获得的利益不高于未加入共享联盟之前所获得的利益，他也会愿意与联盟中的其他成员进行合作，与其他成员采取一致地行动。

（3）科普资源共享成本合理分摊能提高联盟成员的合作效率和绩效。

通过上述分析可知科普资源共享成本合理分摊能维持和巩固联盟中参与者的合作关系，并且能激励联盟成员对联盟的发展和稳定作出积极的贡献，提高各参与者的合作信心，实现这些作用后，显然会提高合作的运作效率，使合作联盟提高竞争力，从而获得更多的利益。反过来，当联盟获得更多利益时，分配给成员的利益相应地更多，联盟企业就会更加合作，更加努力贡献自己的能力，从而实现一个良性的循环过程。

第二节　基于合作博弈理论的成本分摊

一、博弈论简介

博弈论又称对策论，研究决策主体的行为发生直接相互作用时的决策以及这种决策的均衡问题，是当今经济管理界的热门话题之一。博弈论从一开始发展就分为两个分支，合作博弈（cooperative games）和非合作博弈（non-cooperative games）。非合作博弈强调的是个体理性、个体最优决策，而合作博弈强调的是团体理性，强调的是效率、公正、公平，并且合作博弈省去了理性的个人如何达成合作的过程，直接讨论合作的结果与利益的分配问题。合作博弈论的思想出现的很早，早在18世纪80年代，就有了合作博弈的思想。但是从理论研究的发展来看，从20世纪后期由于信息经济学的发展，非合作博弈得到了广泛的研究和应用，而自21世纪以来，合作博弈才越来越受到理论界的重视。

博弈方决策行为的目标是实现自身利益最大化。在博弈中，理性假设人的决策行为是以参与人个体的自身利益最大化为根本目标的，然而在现实中的决策者并不都是仅仅根据自身利益最大化决策的，至少在局部问题上存在以集体利益为目标，追求集体利益最大化的情况。集体理性就是追求集体利益最大化。一般情况下，集体利益最大化本身并不是博弈方的根本目标，人们在博弈中的行为准则是个体理性而不是集体理性。但如果允许博弈中存在"有约束力的协议"，使得博弈方采取符合集体利益最大化而不符合个体利益最大化的行为时，能够得到有效的补偿，那么个体利益和集体利益之间的矛盾就可以被克服，从而使博弈方按照集体理性决策和行为成为可能。一般的，将允许存在有约束力协议的博弈称为"合作博弈"，合作博弈的定义为：给定一个有限的参与人集合 N，合作博弈的特征型是有序数对 N,C，其中特征函数 v 是从 $2^N = \{S \mid S \subseteq N\}$ 到实数集 R^N 的映射，且 $C(\phi) = 0$。与此相对，不允许存在有约束力协议的博弈，或者说，有约束力的协议不能够被保证存在的博弈则称为"非合作博弈"。由于在合作博弈和非合作博弈两类博弈中，博弈方基本的行为逻辑和研究它们的方法有很大差别，因此它们是两类很不相同的博弈。现代占主导地位，也是研究和应用比较多比较广泛的，主要是其中的非合作博弈理论。

二、合作博弈的非合作方法

在合作博弈中，如果效用是可以转移的，则参与人之间就可以通过分摊总剩余或总成本达成合作；但是如果合作效用是不可转移的，不同的参与人的效用不可以直接比较，所以只能通过威慑达成有约束的条件的合约从而实现合作。无限次的重复动态博弈和谈判博弈都能够实现合作结果的非合作方法。

无限次重复博弈中，参与人之间可以通过某种威胁来约束彼此的行为，从而达成合作解。重复博弈也就是一种特殊的多阶段多次博弈，每个参与者关心的不是某个阶段或某次博弈的得益，而是所有阶段加起来的总得益。在无限次重复博弈中，假设尽管每个参与者都是理性的，但是他们并没有充分的耐心，从而引入贴现因子 δ，设参与人 i 的第 t 期得益为 u_{it}，那么在 T 次重复博弈之后，他们的总得益为 $\sum_{t=1}^{T} \delta^{t-1} u_{it}$，无限次重复博弈的总得益为 $\sum_{t=1}^{\infty} \delta^{t-1} u_{it}$。在无限次重复博弈中，触发策略是应用最多的约束彼此行为的策略，记合作博弈的非合作方法的博弈为 G。触发策略指的是参与人首先合作，如果在某个阶段对方不合作，则自己也用永远不合作来报复或者称之为惩罚对方。只要参与人之间交易结束的概率足够小，且交易双方对未来的收益的贴现足够高，则双方将从长期利益出发来维持相互合作，从而实现在静态博弈中无法实现的合作解。

谈判博弈主要包括纳什谈判、序贯谈判、谈判集以及策略性让步博弈。本书主要应用纳什谈判及其解来进行科普资源共享成本的分摊。

三、合作博弈理论的常用成本分摊方法

合作博弈的常用成本分摊主要有以下三种：

（1）　"Shapley" 值分摊方法。夏普利值是 1953 年由 Shapley L. S. 给出的一个 n 人合作博弈解的概念，它不仅可以解决经济活动中效益分配的问题，而且能够估计社会活动中各团体或者派别的权利。随着博弈理论的研究和发展，提出了多种联盟收益和成本的分摊方式，但是尤以 Shapley 提出的分摊方式较具理论意义和代表意义。Shapley 分配方法满足平衡贡献性质，是对联盟的剩余收益的可行、合理、稳定的分摊方式。

"Shapley" 分摊方式可以表示为：

$$x_i = \sum_{\{S|i \in S\}} \frac{(n - |S|)! \times (|S| - 1)!}{n!} \cdot [C(S) - C(S \setminus i)]$$

$$i = 1, 2, \cdots, n$$

x_i 表示联盟中，第 i 个参与人的应得分摊额，满足匿名性、有效性、可加性和虚拟性 4 个性质的唯一解；$|S|$ 表示联盟 S 中所含的成员个数，C 为定义在 N 的所有子集上的一个费用函数，表示 N 中所有可能形成团体的最优替代费用，n 是局中人的个数，N 是所有局中人构成的集合。Shapley 值表示对于成员 i 对联盟 S 增加成本 $C(S) - C(S \setminus i)$ 的加权平均数。

Shapley 分摊方法从局中人的匿名性、有效性、可加性和虚拟性 4 个性质的假定出发，根据联盟中各局中人给联盟带来的边际贡献进行合理的分配，从而使团体理性和个体理性达到均衡。但是 Shapley 分配法所要求的 $C(S)$ 值在实际操作中很难获得，并且有些内部的不足，局限在于注重了完全理性而忽视了现实可能性。并且用 Shapley 这种方法仅仅考虑了成员企业贡献水平这一单一因素，而对成员企业承担的风险、获得的收益等因素完全没有得到考虑。

（2）"核心法" 分摊方法。核心法包括最小核心法、弱最小核心法和比例最小核心法，就是将对策的核心作为费用分摊方案。平衡博弈的夏普利值不一定在核中，所以除了寻找夏普利值总在核中的博弈之外，还可以寻找总是被包含在核中的解，也就是能通过独立性检验的解。有很多满足这一性质的解，但最令人感兴趣的就是核心法。核心（core）是 Gillies 于 1953 年提出的一个合作博弈解的概念。N 人联盟博弈的所有不被优超的分摊构成的集合称之为核心，或者说，核心中的每一个分摊方案都能够被联盟所接受。按照这一思想，一个合理的分摊方案 $x = \{x_1, x_2, \cdots, x_n\}$ 应满足以下条件：

$$
\begin{cases}
\sum_{i \in S} x_i \leqslant C(S) & \forall S \subset N \\[2mm]
\sum_{i \in N} x_i = C(N) \\[2mm]
x_i \geqslant 0
\end{cases}
$$

满足这两个条件的 $x = \{x_1, x_2, \cdots, x_n\}$ 的全体称为核心。

核心法是根据参与者对联盟贡献大小来分摊共享成本的方法，对联盟贡献越大（采购物资最多）的企业分摊的共享成本相对较少，同样忽略了收益这一因素。

（3）群体重心法。群体重心模型是把各种成本分配方案集结成为群体可能接受的比较公平的成本分配方案。群体重心模型基于这种一种思想：寻找一种距理想分配方案最近的一种分配方案集，记为 p。若某供应链由 n 个成员企业组成，分配方案向量 $p = \{x_1, x_2, \cdots, x_n\}$。若存在 m 种理想利益分配方案，其中第 i 种理想方案为 $p_i = \{a_{i1}, a_{i2}, \cdots, a_{in}\}$。

引入一种特殊效用函数，即用方案 p 与理想方案 p_i 的距离量为理想方案 i 的损失：

$$
d_i(p) = \left[(x_1 - a_{i1})^2 + (x_2 - a_{i2})^2 + \cdots + (x_n - a_{in})^2 \right]^{\frac{1}{2}}
$$

定义群体的损失函数为：

$$
f(p) = d_1^2(p) + d_2^2(p) + \cdots + d_m^2(p)
$$

$f(p)$ 是个损失函数平方和。$f(p)$ 表达了群体对方案 p 的不满意度，而群体决策时选择一个 p，使得 $f(p)$ 达到最小。

由于在可行集上非负可导，令 f 对变量 x_j 求偏导：

$$\frac{\partial f}{\partial x_j} = 2(x_j - a_{1j}) + 2(x_j - a_{2j}) + \cdots + 2(x_j - a_{mj}) = 0$$

$$x_j = \frac{1}{m}\sum_{j=1}^{m} a_{1j}$$

群体决策的结果是：

$$p = \{x_1, x_2, \cdots, x_n\} = \frac{1}{m}\sum_{j=1}^{m}(a_{i1}, a_{i2}, \cdots, a_{in}) = \frac{1}{m}\sum_{j=1}^{m} p_i$$

群体重心法通过相互协调和补充的过程，减少了片面性和考虑不周造成的失误，但是存在在实际应用中难以计算的缺陷。

综上所述，这三种方法都具有一定的合理性，但也存在一定的局限性和不足之处。

第三节　基于 Nash 谈判模型的科普资源共享成本分摊

一、Nash 谈判模型的原理

（一）谈判博弈简介

谈判集是根据局中人之间可能出现的相互谈判而提出的合作博弈解的概念。谈判博弈是不可转移效用博弈，与稳定集和核的概念相比，其优点在于：在相当宽松的条件下，谈判解总是非空的。谈判的两个特点：一是谈判双方的总得益比达不到一致而单独获得的博弈之和大；二是谈判并非零和博弈。

根据博弈中得益情况的差异，博弈可分为零和博弈、常和博弈以及变和博弈三种类型。零和博弈是指各博弈方得益之和总是为零的一种博弈类型；常和博弈是指各博弈方得益之和总是一个非零常数的一种博弈类型；变和博弈是指在不同策略组合下各博弈方的得益之和通常也会不同的一种博弈。而谈判是一种变和博弈，即总得益与策略组合存在着函数关系，即策略组合是总得益的变量。谈判并不是讨价还价，而是在参与者有共同需要的情况下进行的，双方虽然有不同的意见，但彼此都能以商量的口吻，减少分歧寻找共同的利益，且不同的谈判策略所导致的谈判结果不同。谈判博弈和讨价还价博弈不同，讨价还价是一种常和博弈，所以在实际运用中，应根据具体的问题决定谈判博弈还是讨价还价博弈，如果双方交易只有一次，以后不再合作，则采取讨价还价博弈，如果双方的交易是长期的、相互依赖的，则采用谈判博弈。

在博弈论出现之前，人们往往认为谈判是一项深奥困难的工作，对于为什么谈判一方比另一方得到的好处多，理论学家无法给出系统的解释，因此就将其归结于模糊而无法解释的"谈判力量"的差别。谈判博弈是不可转移效用博弈的重要一类。传统经济学在谈判博弈方面的研究很少，现代博弈理论的有效发展，促进了谈判博弈的研究进程。谈判博弈的核心问题就是通过威慑对方而形成有约束力的合约，并在该合约的约束下最大化自己的得益。从参与人相互作用入手，分析解决经济主体决策及其均衡问题。谈判的最终结局要满足两个理性前提：

（1）个体理性：一个理性的谈判者不会接受少于个人的最低预期收益，这是只有个人所独有的信息，否则将无法达成协议。

（2）联合理性：如果一种可能结局能够使两个谈判者所获得的收益比另外一种可能结局使谈判者获得的收益更大时，他们是不会选择后者的。也就是说，谈判双方同时选择对两家都有利的谈判结局。

（二）Nash 谈判模型的基本假设

纳什是最早利用博弈论的思想研究两方合作对策解的问题，并且纳什在 1951 年提出了以下基本假设和定理：

定理：任何一个具有纯策略的两人对策至少存在一对均衡策略。

纳什提出的定理：两人进行对策总是存在均衡对策的，即在双边谈判过程中，如果谈判双方决定合作，总存在谈判解。

谈判者总是站在自己的角度考虑，并希望自己的利益分配额尽可能大和成本分配额度尽可能小，因此会对帕累托最优（帕累托最优集是指在谈判中的所有的帕累托最优效用对的集合）集中的效用对感兴趣，而对那些被优超的效用对却毫无兴趣。在帕累托最优集上，双方的分配值不可能同时增加，也就是说，一方的分配值增加，就必能使得另一方分配值减少，称之为有效边界。

纳什通过研究发现，纳什谈判解，满足以下 5 个基本公设：

公设 1（谈判结果的有效性）：谈判的解必须是帕累托有效性的分配，任一两人的成本分配问题的解都应该是可行的，且是帕累托有效的，亦即不存在另外的可行配置会使一个局中人所支付的成本少于这个解，而另一个局中人所支付的成本又不会高于这个解，即可行集 P 中不存在优超纳什谈判解 (u_1, v_1) 的效用值。

公设 2（个人理性）：即没有一个局中人会在纳什谈判解中得到的成本的支付额比其单独时的支付额更高，即纳什谈判解 $(u_1, v_1) \geqslant (u_0, v_0)$，其中 (u_0, v_0) 为现状点。

公设 3（度量无关性）：若得益的计量发生线性改变，谈判结果不变。

公设 4（不相关选择的独立性）：谈判结果必须是独立不相关的。记 G 为一种谈判局势其现状点 (u_0, v_0)，可行集为 P，解为 (u_1, v_1)，设 G' 为一新谈判局势，可行集 P' 是 P 的一个子集，现状点 (u_1, v_1) 在 P' 内，则 (u_1, v_1) 为 G' 的解。

公设 5（对称性）：如果问题是对称的，那么两个人所得到的效用应该完全相等，即如果局中人 1 和 2 在纳什谈判问题中的地位是完全对称的，那么解也应该对称的对待他们。

在以上 5 条公理基础上，纳什创造性地证明了恰好有一个协商解满足这些公理。

（三）Nash 谈判模型

由上节所列的基本公设，纳什得出了纳什谈判均衡解：

谈判的唯一理性解 $U = (u_1, v_1)$，应满足 $(u_1, v_1) \in P$（在可行集

内），$u_1 \geq u_0, v_1 \geq v_0$（不劣于冲突点），且使 $(u_1 - u_0)(v_1 - v_0)$ 的值最大。

纳什谈判多用于企业间合作收益的分配。假设有 n 个人组成的联盟，记 $N = \{1, 2, \cdots, n\}$ 为全体集合，联盟的总收益为 TR，C_i 为第 i 个参与者的效用函数，谈判的起点为 $a = \{a_1, a_2, \cdots, a_n\}$，$a$ 称为现状点，表示谈判破裂时的冲突点，表示各企业所愿意接受的利益分配的下界值；向量 $h = \{h_1, h_2, \cdots, h_n\}$ 表示参与者的谈判力量。假设 x_i 为合作联盟中第 i 个人获得的收益，即收益分配向量为 $X = (x_1, x_2, \cdots, x_n)$，那么 $X = (x_1, x_2, \cdots, x_n)$ 为下列规划问题的最优解：

$$\max \quad \prod_{i=1}^{n} (x_i - a_i)^{h_i}$$

$$s.t. \quad \sum_{i=1}^{n} x_i = TR$$

$$\sum_{i=1}^{n} h_i = 1$$

$$h_i > 0$$

通过求解上述非线性规划问题，得到的解就是纳什谈判解。如果满足公设 5，则说明局中人在谈判中地位是平等的，从而有 $h_1 = h_2 = \cdots = h_n = \dfrac{1}{n}$。但是在实际合作中，Nash 提出的第五条共设很少满足，即谈判者的力量是不同的，所以在科普资源共享投资成本分摊中，必须考虑合作者的谈判力量。

二、基于纳什谈判模型的两人合作科普资源共享投资成本分摊

两个人组成的科普资源共享成本分摊是最简单的形式，在两人的收益分配问题中纳什先做了研究，并且在围绕两人收益的分配问题取得了许多丰硕的成果。纳什根据以上的理论和基本假设，若用

x, y 表示 A, B 两个合作者合作后分别获得的收益, R 为两个合作者合作之后的总收益; a, b 表示合作双方 A, B 的最佳替代方案, 则可得纳什均衡方程为:

$$\max \quad (x-a)^h (y-b)^k$$

$$s.t. \quad x+y=R$$

$$h+k=1$$

$$h>0, k>0$$

其中, h, k 表示纳什谈判中的谈判力量, 结合纳什谈判的基本公设第五条可知:

$$h=k=\frac{1}{2}$$

以上是纳什关于两人合作收益的分配所列的均衡方程, 在科普资源共享联盟中, 当科普资源数量一定时, 各参与者的收益是一定的, 那么他们的最终利益就表现在共享成本的分摊上。于是将上述纳什均衡方程可以扩展到共享联盟中总成本的分摊中, 由于参与联盟后分得的共享成本应小于参与联盟前单独购买和使用科普资源产生的成本, 即 $(x-a)$ 和 $(y-b)$ 均小于零, 所以添加绝对值符号, 实质具有相同的意义。

若用 x, y 表示 A, B 两个合作者合作后分别获得的成本, TC 为总成本; a, b 表示合作双方 A, B 的最佳替代方案, 则科普资源共享成本的分摊纳什均衡方程可以表示为:

$$\max \quad |(x-a)|^h |(y-b)|^k$$

$$s.t. \quad x+y=TC$$

$$h+k=1$$

$$h > 0, k > 0$$

同样，h，k 表示纳什谈判中的谈判力量，结合纳什谈判的基本公设第五条可知：

$$h = k = \frac{1}{2}$$

在两人合作的实践中，合作双方的谈判力量很可能不均等，从而需要考虑双方的谈判力量，来确定 h 和 k 的取值。

三、基于纳什谈判模型的多人合作科普资源共享投资成本分摊

对于多人合作纳什谈判解，与二人合作纳什谈判解的求解类似，通过求解非线性规划问题，得到纳什均衡解。与两人合作共享成本的分摊原理一致，通过添加绝对值符号，使得与收益的分配形式一致。只不过是将目标函数中两人乘积转换为 n 个人，在约束条件中，同样将两人约束条件变为 n 人约束条件。

假设一共有 n 个参与者参与到科普资源共享联盟中，合作联盟形成后的总成本为 TC，谈判结果分别为 x_i，其谈判结果的最佳方案分别为 a_i，谈判力量为 h_i，则纳什均衡方程可以表示为：

$$\max \quad \prod_{i=1}^{n} |x_i - a_i|^{h_i}$$

$$s.t. \quad \sum_{i=1}^{n} x_i = TC$$

$$\sum_{i=1}^{n} h_i = 1$$

$$h_i > 0$$

其中，h_i 表示纳什谈判中的谈判力量，结合纳什谈判的基本公设

第五条可知，$h_1 = h_2 = \cdots = h_n = \dfrac{1}{n}$。在科普资源共享的实践中，合作多方的谈判力量很可能不均等，从而每一方的谈判力量为 h_i 值就不会相等，需要通过对每一方相对谈判力量的分析来确定各方的 h_i 值。这里采用模糊综合评判来分析各方的谈判力量。

四、基于模糊综合评判的谈判能力确定

通过 Nash 谈判模型，可以获得联盟中各参与者的成本分摊额。在 Nash 谈判模型中，各参与者的谈判力量是决定成本分摊结果的关键因素，为此，通过模糊综合评判法确定谈判者的谈判力量。模糊综合评判方法是模糊数学中应用的比较广泛的一种方法。在对某一事务进行评价时常会遇到这样一类问题，由于评价事务是由多方面的因素所决定的，因而要对每一因素进行评价；在每一因素作出一个单独评价的基础上，如何考虑所有因素而作出一个综合评价，这就是一个综合评价问题。

在模糊多属性决策中，设 $A = \{A_1, A_2, \cdots, A_m\}$ 是 m 个备选方案，每个对象都有 n 个属性 $X = \{X_1, X_2, \cdots, X_n\}$，又设 x_{ij} 表示第 i 个对象 A_{ij} 相对于第 j 个属性 x_j 的评价值，这样，可以用评价矩阵表示对象集与属性类之间的关系：

$$D = \begin{bmatrix} x_{11} & x_{12} & \cdots & x_{1n} \\ x_{21} & x_{22} & \cdots & x_{2n} \\ \vdots & \vdots & \ddots & \vdots \\ x_{m1} & x_{m2} & \cdots & x_{mn} \end{bmatrix}$$

令 $w = \{w_1, w_2, \cdots, w_m\}$ 表示属性的权重，且符合归一化条件，即 $w_{ij} \geq 0$ 且 $w_1 + w_2 + \cdots + w_m = 1$。再对各种对象加权平均，通过比较加权后的得分值，从而获得最满意的决策方案。

在博弈中要尽力让乙方处在完全信息静态博弈状况下。谈判能力在每种谈判中都起到重要作用，无论是商务谈判、外交谈判，还是劳务谈判，在买卖谈判中，双方谈判能力的强弱差异决定了谈判结果的差别。对于科普资源共享成本分摊的谈判中的合作各方来说，谈判力量都来源于4个方面：需求、机会、成本和市场。根据谈判力量影响因素的特征，采用模糊综合评判法计算科普资源共享成本的分摊分配因子（即谈判力量），由专家评估小组根据4个影响谈判力量的因素处于不同评价程度的关系对应表（见表4-1）对各因素的高低进行评价，然后转化为 [0,1] 区间的数值，得到各因素的模糊关系矩阵如下：

$$R = \begin{bmatrix} 预期收益 \\ 可选择机会 \\ 合作需求 \\ 科普环境 \end{bmatrix} = \begin{bmatrix} r_{11} & r_{12} & r_{13} & r_{14} & r_{15} \\ r_{21} & r_{22} & r_{23} & r_{24} & r_{25} \\ r_{31} & r_{32} & r_{33} & r_{34} & r_{35} \\ r_{41} & r_{42} & r_{43} & r_{44} & r_{45} \end{bmatrix}$$

表4-1 谈判能力各因素处于不同评价程度的关系对应

分 类	低	较 低	中 等	较 高	高
预期收益	市场前景良好，预期合作能带来很高的收益	市场前景较好，预期合作能带来较高的收益	市场前景一般，预期合作能带来收益	市场前景较差，预期合作带来的收益较少	市场前景暗淡，预期合作不能带来收益
可选择机会	与他人合作的可选择机会很少	与他人合作的可选择机会较少	与他人合作的可选择机会一般	与他人合作的可选择机会较多	与他人合作的可选择机会很多

分 类	低	较 低	中 等	较 高	高
合作需求	现有资源匮乏，资金短缺，急需合作	现有资源比较匮乏，资金不足，需要合作	现有资源一般，合作意愿一般	现有资源比较丰富，可以合作	现有资源丰富，无需合作
科普环境	政府支持力度小，科普环境差	政府支持力度较小，科普环境较差	政府支持一般，科普环境适中	政府支持力度大，科普环境较好	政府大力支持，科普环境优良

注：预期收益越高，合作者应多承担成本，所以谈判能力越低。

根据各因素对谈判力量影响程度的不同，分别赋予各因素相应的权向量 $w = \{w_1, w_2, w_3, w_4\}$。因素的评价集为 $v = \{$ 低，较低，中等，较高，高 $\}$，并赋予评价集各元素以量值 $v = \{0.1, 0.3, 0.5, 0.7, 0.9\}$，表示评价集各元素与谈判力量的大小对应关系。

然后进行模糊综合评判：

$$B = wR = (w_1, w_2, w_3, w_4) \begin{bmatrix} r_{11} & r_{12} & r_{13} & r_{14} & r_{15} \\ r_{21} & r_{22} & r_{23} & r_{24} & r_{25} \\ r_{31} & r_{32} & r_{33} & r_{34} & r_{35} \\ r_{41} & r_{42} & r_{43} & r_{44} & r_{45} \end{bmatrix}$$

$$= [b_1, b_2, b_3, b_4, b_5]$$

各合作者的分配因子为：$H_i = wR_i v^T$

进而求得谈判力量的大小为：

$$h = B'v^T = (b_1, b_2, b_3, b_4, b_5) \begin{bmatrix} 0.1 \\ 0.3 \\ 0.5 \\ 0.7 \\ 0.9 \end{bmatrix}$$

$$= 0.1b_1 + 0.3b_2 + 0.5b_3 + 0.7b_4 + 0.9b_5$$

最后将分配因子归一化，获得最终的成本分配因子。

第四节　算例分析

有甲、乙、丙三家科技展览馆，分别位于 3 个不同的地区。三家科技展览馆均设立放映厅，并长期为参观者放映科普知识相关讲座，通过收取门票获得收益。但是由于资金有限，三家展览馆购买的放映用的片子并未达到最大水平，也就是说增加片子的数量还可以吸引更多的参观者。三家科技展览馆发现购买的片子有些是重复的，为了减小重复的片子，于是三家科技展览馆想通过合作形成科普资源共享联盟，减小购买成本而增大片子数量的方式获得更多的收益，但是购买总成本的分摊又是个亟待解决的问题。三家科技展览馆合作前和合作后的成本收益等资料见表4-2。

表 4-2　三家科技展览馆合作前与合作后的成本与预期收益资料

合作前后	名　称	片子数/个	成本/万元	收益/万元·月$^{-1}$
合作前	甲	6	120	150
	乙	4	80	100
	丙	5	100	125
	合　计	15	300	375

合作前后	名　称	片子数/个	成本/万元	收益/万元·月$^{-1}$
	甲	12	x_1	260
合作后	乙	12	x_2	200
	丙	12	x_3	240
	合　计	12	240	700

可以看到，在合作前，每个科技馆都有各自的投资，总投资额为 300 万元，而总收益为每月 375 万元，在实施资源共享合作之后，每个科技馆拥有更多的片子，而合作投资的总成本只有 240 万元，而合作后科技馆的总收益可以达到每月 700 万元，在减少了总投资的前提下，收益却得到提高，因此，资源共享给三家科技馆都带来了好处。这里，需要解决的问题是，总投资成本 240 万元如何在三家科技馆之间进行分配，才能使合作联盟能更加稳定。因此，采用纳什谈判模型来计算三家博物馆各自应分摊的投资成本。

第一步：构建成本分摊模型。由于三家科技展览馆要么合作购买放映片子，要么单独购买，根据 Nash 谈判原理，三家科技馆合作之前的成本就是谈判结果的最佳方案分别为 a_i，所以 Nash 均衡方程可以表示为：

$$\max \quad \left|(x_1 - 120)\right|^{h_1} \left|(x_2 - 80)\right|^{h_2} \left|(x_3 - 100)\right|^{h_3}$$

$$s.t. \quad x_1 + x_2 + x_3 = 240$$

$$h_1 + h_2 + h_3 = 1$$

$$h_1, h_2, h_3 > 0$$

由于三家科技展览馆合作后分摊的成本小于合作前自己投资产生成本，即 $x_i - a_i \leq 0$，所以原均衡方程可以表示为：

$$\max \quad (120 - x_1)^{h_1}(80 - x_2)^{h_2}(100 - x_3)^{h_3}$$

$$s.t. \quad x_1 + x_2 + x_3 = 240$$

$$h_1 + h_2 + h_3 = 1$$

$$h_1, h_2, h_3 \geqslant 0$$

第二步：确定谈判能力。科技展览馆聘请了有关方面的专家，结合参与者的实际情况和所处环境，对各因素对谈判力量的影响程度进行评估，专家组通过层次分析法求得各影响因素相应的权向量如下：

$$w = \begin{bmatrix} 0.3 & 0.4 & 0.2 & 0.1 \end{bmatrix}$$

由专家对照进行评判得到各科技展览馆的谈判力量模糊关系矩阵为：

$$R_{\text{甲}} = \begin{bmatrix} 0 & 0 & 0 & 0.6 & 0.6 \\ 0 & 0 & 0 & 0.8 & 0.2 \\ 0 & 0 & 0.3 & 0.5 & 0.2 \\ 0 & 0.4 & 0.6 & 0 & 0 \end{bmatrix}$$

$$R_{\text{乙}} = \begin{bmatrix} 0.3 & 0.6 & 0.1 & 0 & 0 \\ 0.4 & 0.6 & 0 & 0 & 0 \\ 0 & 0.4 & 0.4 & 0.2 & 0 \\ 0.3 & 0.4 & 0.3 & 0 & 0 \end{bmatrix}$$

$$R_{丙} = \begin{bmatrix} 0.3 & 0.6 & 0.1 & 0 & 0 \\ 0.4 & 0.6 & 0 & 0 & 0 \\ 0 & 0.4 & 0.4 & 0.2 & 0 \\ 0.3 & 0.4 & 0.3 & 0 & 0 \end{bmatrix}$$

$$h_1 = \begin{bmatrix} 0.3 & 0.4 & 0.2 & 0.1 \end{bmatrix} \begin{bmatrix} 0 & 0 & 0 & 0.6 & 0.6 \\ 0 & 0 & 0 & 0.8 & 0.2 \\ 0 & 0 & 0.3 & 0.5 & 0.2 \\ 0 & 0.4 & 0.6 & 0 & 0 \end{bmatrix} \begin{bmatrix} 0.1 \\ 0.3 \\ 0.5 \\ 0.7 \\ 0.9 \end{bmatrix}$$

$$= 0.708$$

$$h_2 = \begin{bmatrix} 0.3 & 0.4 & 0.2 & 0.1 \end{bmatrix} \begin{bmatrix} 0.3 & 0.6 & 0.1 & 0 & 0 \\ 0.4 & 0.6 & 0 & 0 & 0 \\ 0 & 0.4 & 0.4 & 0.2 & 0 \\ 0.3 & 0.4 & 0.3 & 0 & 0 \end{bmatrix} \begin{bmatrix} 0.1 \\ 0.3 \\ 0.5 \\ 0.7 \\ 0.9 \end{bmatrix}$$

$$= 0.288$$

$$h_3 = \begin{bmatrix} 0.3 & 0.4 & 0.2 & 0.1 \end{bmatrix} \begin{bmatrix} 0 & 0.1 & 0.3 & 0.6 & 0 \\ 0.2 & 0.8 & 0 & 0 & 0 \\ 0 & 0 & 0.4 & 0.4 & 0.2 \\ 0.4 & 0.4 & 0.2 & 0 & 0 \end{bmatrix} \begin{bmatrix} 0.1 \\ 0.3 \\ 0.5 \\ 0.7 \\ 0.9 \end{bmatrix}$$

$$= 0.402$$

对谈判力量进行归一化处理：

$$h'_1 = 0.506$$

$$h'_2 = 0.206$$

$$h'_3 = 0.288$$

第三步：计算分配额。将谈判力量的值代入分摊模型：

$$\max \quad (120 - x_1)^{0.506}(80 - x_2)^{0.206}(100 - x_3)^{0.288}$$

$$s.t. \quad x_1 + x_2 + x_3 = 240$$

构建拉格朗日函数：

$$L(x_1, x_2, x_3, \lambda) = (120 - x_1)^{0.506}(80 - x_2)^{0.206}(100 - x_3)^{0.288} -$$

$$\lambda(240 - x_1 - x_2 - x_3)$$

分别对 x_1, x_2, x_3 求偏导：

$$\frac{\partial L}{\partial x_1} = -0.506(120 - x_1)^{-0.494}(80 - x_2)^{0.206}(100 - x_3)^{0.288} + \lambda$$

$$\frac{\partial L}{\partial x_2} = -0.206(120 - x_1)^{0.506}(80 - x_2)^{-0.794}(100 - x_3)^{0.288} + \lambda$$

$$\frac{\partial L}{\partial x_3} = -0.288(120 - x_1)^{0.506}(80 - x_2)^{0.206}(100 - x_3)^{-0.712} + \lambda$$

$$\frac{\partial L}{\partial \lambda} = 240 - x_1 - x_2 - x_3$$

为了求目标函数的最大值，令各项偏导数等于零，得到：

$$\begin{cases} x_1^* = 89.64 \\ x_2^* = 67.64 \\ x_3^* = 82.72 \end{cases}$$

由于乙科技展览馆增加投资，预期的市场收益率比较高，但是合作可选择的机会较多，合作需求不是很强烈并且政府的支持力度大，所以考虑这些情况后，乙展览馆分配了较低的共享投资成本。但是在不考虑合作者的谈判力量的分配结果对谈判力量较强的合作者不公平，分摊了较多的成本，易使谈判能力强的合作者退出联盟，从而合作联盟破裂。合作者的谈判能力是由多种因素决定的，选择重要的几种因素加以考虑，可以得到比较公平的分摊结果。

第五章 科普巡展活动资源
共享效果评价

科普巡展活动是科普资源共享的一种基本模式。如今，以科学普及为目的的巡回展览活动越来越多地走进人们的生活，围绕同一主题的系列展览通常在全国范围内的各大城市巡回进行，以期达到更好的宣传效果，有效提高资源共享的效果。

在《科学素质纲要》实施的过程中，以"节约能源资源、保护生态环境、保障安全健康"为主题的科普巡展势必会越来越多，如何使科普巡展的效果最优化，资源共享更加有效，是巡展举办方努力追求的目标。那么，为达到这一目标，科学地评估科普巡展活动在不同地区资源共享的效果，就是首先应当关注和探讨的问题。

第一节 Vague 集理论

一、Vague 的概念及其几何解释

1993 年，Gau 和 Buehrer 提出了 Vague 集的概念，给出了 Vague 集的定义和基本运算规则。设 $U = \{x_1, x_2, \cdots, x_n\}$ 是论域，U 上的一个 Vague 集 A 是指 U 上的一对隶属函数 t_A 和 f_A，即：

$$t_A : U \to [0,1], \quad f_A : U \to [0,1]$$

$$满足 \, 0 \leqslant t_A(x_i) + f_A(x_i) \leqslant 1$$

式中，$t_A(x_i)$ 称为 Vague 集 A 的真隶属函数，表示支持 $x \in A$ 的证据的隶属度下界；$f_A(x_i)$ 称为 Vague 集 A 的假隶属函数，表示反对 $x \in A$ 的证据的隶属度下界。称 $\pi_A(x_i) = 1 - t_A(x_i) - f_A(x_i)$ 为 x 对于

Vague 集 A 的不确定度，是 x 相对于 A 的未知信息的一种度量。显然，$0 \leqslant \pi_A(x_i) \leqslant 1$。$\pi_A(x_i)$ 值越大，说明 x 对于 A 的未知信息越多。

Vague 集的另一种几何解释如图 5-1 所示。Atanassov 讨论了论域 E 和子集 F 在欧式平面上的笛卡儿坐标。对一个确定的 Vague 集 A，构造了一个从 E 到 F 的函数 g_A，使得如果 $x \in E$，则 $p = g_A \in F$，且点 $p \in F$ 的坐标为 (a', b')，满足 $0 \leqslant a'$，$b' \leqslant 1$，这里 $a' = t_A(x_i)$，$b' = f_A(x_i)$。

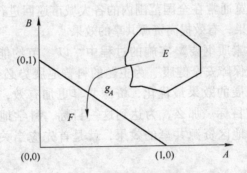

图 5-1　Vague 集的几何解释

上面的几何解释可以用群决策中的例子来说明，如图 5-2 所示。假设在谈判过程中，专家 i 的观点用坐标 (t_i, f_i, π_i) 来表示。专家 A，$(1, 0, 0)$ 表示完全接受论点；专家 B，$(0, 1, 0)$ 表示完

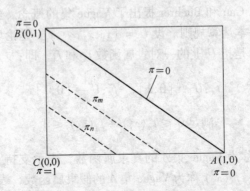

图 5-2　Vague 集三维图形的正交投影

全反对论点；专家 C，(0，0，1) 表示完全不确定。线段 AB 上的专家保持意见不变时，他们的不确定度为 0，此时 $t_i + f_i = 1$，线段 AB 代表一个模糊集。专家 C 对辩论的影响持完全开放的态度。

AB 的平行线表示具有相同不确定度的专家集合。例如，在图5-2中，π_m 和 π_n 分别表示具有相同不确定度的专家集合，这里专家所在的 π_n 组的不确定度大于专家所在的 π_m 组，即 $\pi_n > \pi_m$。

换言之，图 5-2 中三角形 ABC 是 Vague 集三维图形（三角形 ABD）的正交投影，如图 5-3 所示，这里 $ABCD$ 是边长为 1 的正方体。图 5-3 关于 Vague 集的解释也是研究 Vague 集（值）之间的距离和熵的出发点。

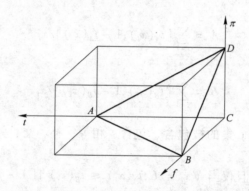

图5-3　Vague 集的三维表示

二、Vague 的运算规则

Gau 和 Buehrer 在给出 Vague 集的概念时，定义了 Vague 集（值）的交、并、补等运算。Atanassov 定义了直觉模糊集的基本运算规则。本书结合文献 [9]，归纳 Vague 集的运算规则如下：

定义 5.1　设 Vague 值 $x = [t_x, 1 - f_x], y = [t_y, 1 - f_y]$，满足 $0 \leqslant t_x + f_x \leqslant 1, 0 \leqslant t_y + f_y \leqslant 1$。定义 Vague 值的交、并、等于、小于、大于和补运算如下：

$$x \bigwedge y = [\min(t_x, t_y), \min(1 - f_x, 1 - f_y)]$$

$$x \vee y = \left[\max(t_x, t_y), \max(1 - f_x, 1 - f_y) \right]$$

$$x = y \Leftrightarrow t_x = t_y, f_x = f_y$$

$$x \leqslant y \Leftrightarrow t_x \leqslant t_y, f_x \geqslant f_y$$

$$x \geqslant y \Leftrightarrow t_x \geqslant t_y, f_x \leqslant f_y$$

$$\bar{x} = \left[f_x, 1 - t_x \right]$$

定义 5.2 设论域 $U = \{x_1, x_2, \cdots, x_n\}$, A, B 是 U 上的两个 Vague 集, 其中

$$A = \sum_{i=1}^{n} \left[t_A(x_i), 1 - f_A(x_i) \right] / x_i$$

$$B = \sum_{i=1}^{n} \left[t_B(x_i), 1 - f_B(x_i) \right] / x_i$$

定义 Vague 集的被包含、包含、相等、补、交、并、加、乘运算如下:

$A \subseteq B$ 当且仅当 $\forall x_i \in U, t_A(x_i) \leqslant t_B(x_i)$ 且 $1 - f_A(x_i) \leqslant 1 - f_B(x_i)$, 即 $f_A(x_i) \geqslant f_B(x_i)$

$A \supseteq B$ 当且仅当 $\forall x_i \in U, t_A(x_i) \geqslant t_B(x_i)$ 且 $1 - f_A(x_i) \geqslant 1 - f_B(x_i)$, 即 $f_A(x_i) \leqslant f_B(x_i)$

$A = B$ 当且仅当 $\forall x_i \in U, t_A(x_i) = t_B(x_i)$ 且 $f_A(x_i) = f_B(x_i)$

$$\bar{A} = \sum_{i=1}^{n} \left[f_A(x_i), 1 - t_A(x_i) \right] / x_i$$

$$A \cap B = \{ \min[t_A(x_i), t_B(x_i)], 1 - \max[f_A(x_i), f_B(x_i)] \}$$

$$A \cup B = \{ \max[t_A(x_i), t_B(x_i)], 1 - \min[f_A(x_i), f_B(x_i)] \}$$

$$A + B = \{ [t_A(x_i) + t_B(x_i) - t_A(x_i) t_B(x_i)], [1 - f_A(x_i) f_B(x_i)] \}$$

$$AB = \{[t_A(x_i)t_B(x_i)],[1 - f_A(x_i) - f_B(x_i) + f_A(x_i)f_B(x_i)]\}$$

三、Vague 集（值）之间的相似度量

定义 5.3　设 U 是一论域，V 是 U 上所有的 Vague 集组成的集合，$A \in V$，$B \in V$。如果 $M(A,B)$ 满足性质$(P1) \sim (P4)$，则称 $M(A,B)$ 为 Vague 集 A，B 之间的相似度。

$(P1)$ $0 \leqslant M(A,B) \leqslant 1$

$(P2)$ 当且仅当 $A = B$ 时，$M(A,B) = 1$

$(P3)$ $M(A,B) = M(B,A)$

$(P4)$ 如果 A，B，$C \in V$，$A \subseteq B \subseteq C$，则：

$$M(A,C) \leqslant M(A,B)$$

$$M(A,C) \leqslant M(B,C)$$

（一）Vague 值的相似度量

设 $x = [t_x, 1 - f_x]$，$y = [t_y, 1 - f_y]$ 是论域 U 上的两个 Vague 值，其中 $0 \leqslant t_x + f_x \leqslant 1$，$0 \leqslant t_y + f_y \leqslant 1$。

1994 年，Chen 和 Tan 提出用优势函数 $S(x)$ 来估计方案对决策者要求的适合程度：

$$S(x) = t_x - f_x$$

$$S(y) = t_y - f_y$$

其中，$S(x) \in [-1,1]$，$S(y) \in [-1,1]$。

在此基础上，Chen 于 1995 年首先讨论了 Vague 集（值）之间的相似度量，并于 1997 年进一步研究了 Vague 集（值）之间的加权相似度量。Chen 给出的 Vague 值 x 和 y 的相似度量为：

$$M_C(x,y) = 1 - \frac{|S(x) - S(y)|}{2}$$

$$= 1 - \frac{\left| t_x - t_y - (f_x - f_y) \right|}{2}$$

其中，$M_C(x,y) \in [0,1]$。$M_C(x,y)$ 的值越大，表示 Vague 值 x 和 y 越相似。

1999 年，Hong 和 Kim 指出 Chen 的相似度量方法在某些情况下不适用，提出新的度量方法为：

$$M_H(x,y) = 1 - \frac{\left| t_x - t_y \right| + \left| f_x - f_y \right|}{2}$$

其中，$M_H(x,y) \in [0,1]$。$M_H(x,y)$ 的值越大，表示 Vague 值 x 和 y 越相似。

2001 年，李凡提出的 Vague 值相似度量方法为：

$$M_L(x,y) = 1 - \frac{\left| t_x - t_y - (f_x - f_y) \right|}{4} - \frac{\left| t_x - t_y \right| + \left| f_x - f_y \right|}{4}$$

其中，$M_L(x,y) \in [0,1]$。$M_L(x,y)$ 的值越大，表示 Vague 值 x 和 y 越相似。

（二）Vague 值相似度量的改进方法

周晓光认为衡量 Vague 集（值）的相似程度要考虑以下 3 个因素的影响：

（1）相对优势。

（2）相对已知信息的多少。

（3）相对未知信息的多少。

据此，他提出了改进的 Vague 值之间的相似度量方法如下：

$$M_Z(x,y) = 1 - \frac{\left| t_x - t_y - (f_x - f_y) \right|}{8} -$$

$$\frac{\left| t_x - t_y + f_x - f_y \right|}{4} - \frac{\left| t_x - t_y \right| + \left| f_x - f_y \right|}{8}$$

$M_Z(x,y)$ 的值越大，表示 Vague 值 x 和 y 越相似。

设 A，B 为论域 $U = \{x_1, x_2, \cdots, x_n\}$ 中的两个 Vague 集

其中

$$A = \sum_{i=1}^{n} [t_A(x_i), 1 - f_A(x_i)]/x_i$$

$$B = \sum_{i=1}^{n} [t_B(x_i), 1 - f_B(x_i)]/x_i$$

并提出了改进的 Vague 集 A，B 之间相似度量为：

$$M_Z(A,B) = 1 - \frac{1}{n}\sum_{i=1}^{n} \left(\frac{|t_A(x_i) - t_B(x_i) - (f_A(x_i) - f_B(x_i))|}{8} + \right.$$

$$\frac{|t_A(x_i) - t_B(x_i) + f_A(x_i) - f_B(x_i)|}{4} +$$

$$\left. \frac{|t_A(x_i) - t_B(x_i)| + |f_A(x_i) - f_B(x_i)|}{8} \right)$$

$M_Z(A,B)$ 的值越大，表示 Vague 集 A，B 越相似。

（三）　Vague 值的加权相似度量

设 x，y 是两个 Vague 值，x 和 y 的权重都为 w。其中，$w = (a, b, c)$，a 表示真隶属函数部分的权重，b 表示假隶属函数部分的权重，c 表示未知部分的权重，则 Vague 值 x 和 y 的优势函数分别为：

$$S_w(x) = at_x + bf_x + c(1 - t_x - f_x)$$

$$S_w(y) = at_y + bf_y + c(1 - t_y - f_y)$$

Chen 给出的 Vague 值 x 和 y 的加权相似度量方法为：

$$M_W^C(x,y) = 1 - \frac{|S_w(x) - S_w(y)|}{a - b}$$

$$= 1 - \frac{|a(t_x - t_y) + b(f_x - f_y) + c(t_y + f_y - t_x - f_x)|}{a - b}$$

其中，$a \geqslant c \geqslant 0 \geqslant b, M_W^C(x,y) \in [0,1]$。$M_W^C(x,y)$ 的值越大，表示 Vague 值 x 和 y 越相似。

Hong 和 Kim 给出的加权相似度量方法为：

$$M_W^H(x,y) = 1 - \frac{a|t_x - t_y| + b|f_x - f_y| + c|t_y + f_y - t_x - f_x|}{a + b + c}$$

其中，a，b，$c \geqslant 0$，$M_W^H(x,y) \in [0,1]$。$M_W^H(x,y)$ 的值越大，表示 Vague 值 x 和 y 越相似。

周晓光在同时考虑影响 Vague 集（值）相似度量的 3 个因素的基础上，提出改进的加权 Vague 值相似度量方法为：

$$M_W^Z(x,y) = 1 - [|a(t_x - t_y) - b(f_x - f_y)| +$$

$$a|t_x - t_y| + b|f_x - f_y| +$$

$$c|t_x - t_y + f_x - f_y|] / [2(a + b + c)] \quad (5\text{-}1)$$

式（5-1）中，a，b，$c \geqslant 0$，且 $a + b + c > 0$。$M_W^Z(x,y) \in [0,1]$。$M_W^Z(x,y)$ 的值越大，表示 Vague 值 x 和 y 越相似。

四、Vague 值的排序方法

在多准则模糊决策过程中，常常要在多个方案中根据属性值选择最佳的方案。这样，往往会涉及方案的排序。下面介绍 Vague 值的排序方法。

在文献中，将候选方案 A_i 满足与不满足决策者要求的程度，用评价函数 E 表示如下：

$$E(A_i) = ([t_{ij}, t_{ij}^*] \wedge [t_{ik}, t_{ik}^*] \wedge \cdots \wedge [t_{ip}, t_{ip}^*]) \vee [t_{is}, t_{is}^*]$$

$$= ([t_{ij}, 1 - f_{ij}] \wedge [t_{ik}, 1 - f_{ik}] \wedge \cdots \wedge$$

$$[t_{ip}, 1 - f_{ip}]) \vee [t_{is}, 1 - f_{is}]$$

$$= [t_{A_i}, 1 - f_{A_i}] \tag{5-2}$$

式 (5-2) 中

$$t_{A_i} = \max(\min(t_{ij}, t_{ik}, \cdots, t_{ip}), t_{is})$$

$$1 - f_{A_i} = \max(\min(1 - f_{ij}, 1 - f_{ik}, \cdots, 1 - f_{ip}), 1 - f_{is})$$

根据评价函数 E，学者们提出了众多排序方法。排序函数主要是解决候选方案 A_i 满足决策者要求的合适程度，有时也将 Vague 值的排序函数称为计分函数。

（1）Chen 和 Tan 提出的排序函数为：

$$S(E(A_i)) = t_{A_i} - f_{A_i}$$

并指出 $S(E(A_i))$ 的值越大，方案 A_i 越满足决策者的要求。该式的出发点是真隶属函数比假隶属函数具有越多的优势，越满足决策者的要求。用投票模型来解释的话，就是在同样多的投票人群中，支持的人比反对的人越多，说明这个方案越为人们所接受。

例如若 $E(A_1) = [0.4, 0.6]$，$E(A_2) = [0.3, 0.8]$

则 $S(E(A_1)) = 0.4 - 0.4 = 0$，$S(E(A_2)) = 0.3 - 0.2 = 0.1$

故方案 A_2 优于方案 A_1。

（2）Hong 和 Choi 提出新的排序函数如下：

$$H(E(A_i)) = t_{A_i} + f_{A_i} \tag{5-3}$$

并指出 $H(E(A_i))$ 的值越大，方案 A_i 越满足决策者的要求。式 (5-3) 的出发点是已知信息越多，越满足决策者的要求。人们在进行决策时，为了减少不确定性带来的影响，往往希望已知信息越多越好。

（3）李凡等人给出的方法是分别定义两个函数 S_1 和 S_2 来表示

方案 A_i 适合和不适合决策者要求的程度:

$$S_1 = t_{A_i}, S_2 = 1 - f_{A_i}$$

或

$$S_1 = t_{A_i} - f_{A_i}, S_2 = 1 - f_{A_i}$$

决策规则为: 先根据 S_1 的值进行排序, 该值越大, 则方案 A_i 越适合决策者的要求; 当 S_1 的值相同时, 再根据 S_2 的值进行排序, 该值越大, 则方案 A_i 越适合决策者的要求。

上述排序方法 (1)、(2)、(3) 没有考虑弃权部分对决策效果的影响, 决策时丢失了较多的信息。

(4) 刘华文对评价函数 $E(A_i)$ 所反映的弃权部分进行了分析, 考虑到弃权人群中可能有一部分人倾向于投赞成票, 有一部分人倾向于投反对票, 另一部分人仍倾向于弃权。对弃权部分 π_{A_i}, 按投票结果可细化为三部分: $t_{A_i}\pi_{A_i}, f_{A_i}\pi_{A_i}$ 和 $(1 - t_{A_i} - f_{A_i})\pi_{A_i}$, 分别表示弃权部分中倾向于投赞成票、反对票和弃权票的比例。

其提出的排序函数为:

$$L(E(A_i)) = t_{A_i} + t_{A_i}(1 - t_{A_i} - f_{A_i})$$

并指出 $L(E(A_i))$ 的值越大, 方案 A_i 越满足决策者的要求。该方法主要考虑支持意见对决策的影响, 忽视了反对意见对决策效果的影响, 是一种较乐观的决策方法。

(5) 周珍提出的排序函数为:

$$Z(E(A_i)) = (t_{A_i} - f_{A_i}) + (\alpha - \beta)\pi_{A_i}$$

其中, $0 \leqslant \alpha \leqslant 1, 0 \leqslant \beta \leqslant 1, 0 \leqslant \alpha + \beta \leqslant 1$。$\alpha$, β 的取值方法如下: 对一般情况, 即 $t_{A_i} - f_{A_i} \neq 0$ 时, 取 $\alpha = t_{A_i}, \beta = f_{A_i}$, 此时 $Z(E(A_i)) = (t_{A_i} - f_{A_i})(1 + \pi_{A_i})$; 当特殊情况发生时, 即 $t_{A_i} - f_{A_i} = 0$ 时, $Z(E(A_i)) = (\alpha - \beta)\pi_{A_i}$, 此时根据决策者对风险的态度取值。当决策者持乐观态度时, 取 $\alpha > \beta$; 当决策者持折中态度时, 取 $\alpha = \beta$; 当决策者持悲观态度时, 取 $\alpha < \beta$。$Z(E(A_i))$ 的值越大, 方案 A_i 越满

足决策者的要求。

考虑到相对优势、已知信息的多少和弃权部分的影响，周晓光提出了新的排序函数如下：

当 $t_{A_i} + f_{A_i} \neq 1$ 时，$X(E(A_i)) = (t_{A_i} + f_{A_i})(1 + \pi_{A_i})$

当 $t_{A_i} + f_{A_i} = 1$ 时，$X(E(A_i)) = (t_{A_i} - f_{A_i})(1 + \pi_{A_i})$

综上所述，Vague 值的排序有多种方法，但各有优劣，很难找到一种适合所有情况的排序方法。这是因为 Vague 值可以同时考虑支持、反对和弃权三部分因素的影响，而这三者又是相互依赖和相互冲突的。因此，排序只能根据某一特定的情况进行，即只能突出Vague 值的某一部分或某两部分的重要性。因而，如果没有约束条件，很难判断哪一种排序方法是最优的。而且，现实问题中的排序都是在某些规则下进行的，比如要求支持的比例过半、弃权部分不能超过 1/3 等。只有根据具体问题选择排序方法才有意义。

如果考虑 Vague 值权重问题，则有 Vague 值的加权排序方法。设准则 C_j，C_k，$\cdots$，C_p 的权重分别为 w_j，w_k，$\cdots$，w_p，其中 w_j，w_k，$\cdots$，$w_p \in [0,1]$，且 $w_j + w_k + \cdots + w_p = 1$。Vague 值的加权排序函数为：

$$W(A_i) = \max\{S([t_{ij}, t_{ij}^*])w_j + S([t_{ik}, t_{ik}^*])w_k + \cdots +$$

$$S([t_{ip}, t_{ip}^*])w_p, S([t_{is}, t_{is}^*])\}$$

$$= \max\{S([t_{ij}, 1 - f_{ij}])w_j + S([t_{ik}, 1 - f_{ik}])w_k + \cdots +$$

$$S([t_{ip}, 1 - f_{ip}])w_p, S([t_{is}, 1 - f_{is}])\}$$

$$= \max\{(t_{ij} - f_{ij})w_j + (t_{ik} - f_{ik})w_k + \cdots +$$

$$(t_{ip} - f_{ip})w_p, (t_{is} - f_{is})\} \tag{5-4}$$

式（5-4）中，$W(A_i)$ 的值越大，方案 A_i 越满足决策者的要求。若采用其他排序函数，其加权排序方法只需做相应的修改即可。

第二节　基于 Vague 集的模糊多属性
决策的 TOPSIS 方法

一、模糊多属性决策

决策分析中一般存在 3 个基本要素：

（1）可供选择的方案。

（2）一组给定的约束条件。

（3）一个已知的效用函数。

在决策术语中，可供选择的方案被称为策略，它是一个多元集合，在这个集合中隐含着所要选定的目标，没有策略或者只有一个策略的决策就构不成决策分析。策略的选择及目标的追求都必须以满足约束条件为前提，而效用函数则是用于衡量每种策略的得失。

在经典的决策模型中，各种数据和信息都被假定为绝对精确，目标和约束也都假定被严格地定义，并都有良好的数学表示。因此，在理论上存在着一个分明的解空间，人们便可以找出其中的最优解，从而使系统的综合效用达到最大，这就是通常"决策"的含义。但是在实际问题中，目标函数、约束条件等很难准确地用数学式表示，从而经典决策模型的这种精确的数据结构和严格的优化准则往往令决策者们无所适从。

著名的美国经济学家、诺贝尔经济学奖得主 H. Silinon 提出，经典的决策模式过分地严格，在实际应用中没法做到。他建议用"满意"原则代替"优化"原则，从管理科学的角度对决策理论和方法提出了类似于模糊化的要求。1970 年，享有"动态规划之父"盛誉的南加州大学教授 Bell Men 与 Zadeh 在多目标决策的基础上，共同提出了模糊决策的基本模型。在该模型中，对于决策者不能明确定义的参数、概念和事件等，都被处理成某种适当的模糊集合，蕴含着一系列具有不同置信水平的可能选择。

模糊集的最主要特征是：一个模糊集 F 是满足某个（或几个）

性质的一类对象，每个对象都有一个互不相同的隶属于 F 的程度，隶属函数 $\mu_F(x)(x \in X)$ 给每个对象分配一个 [0，1] 中的数作为它的隶属度。这种柔性的数据结构与灵活的选择方式大大增强了模型的表现力和适应性，被以后的研究人员引为发展和推广模糊决策的基础。

多属性决策自 1957 年被提出以来，取得了很多杰出的研究成果，尤其是关于不确定信息多属性决策问题在 1965 年由 Fishburn 首次研究以来，从多个侧面取得了具有代表性的研究成果。Zadeh 在 1965 年创立的模糊集理论为研究不确定信息多属性决策问题提供了优秀的思想和方法，同时，Bellman 开了模糊环境下的决策研究之先河，其后不少学者对模糊多属性决策问题进行了深入的研究。迄今为止，模糊集理论的应用已经渗透了决策科学的各个领域。无论是独裁决策还是群决策，是单一准则决策还是多准则决策，是一次性决策还是多阶段决策，或者是不同种类交叉的混合性决策，模糊集理论在决策思想、决策逻辑和决策技术等方面都发挥了重要的作用，并取得了良好的效果。以模糊集理论为基础研制的计算机软件，包括数据库决策支持系统和知识库专家系统也已投放市场，进入了商业应用的阶段。可以说，决策科学是年轻的模糊集理论在实际应用中最为成功的领域之一。其中，模糊多准则决策在决策科学中的研究尤其活跃，成果也尤其显著。

二、模糊多属性决策的基本模型

模糊多属性决策的基本模型可以描述如下：

给定一个方案集 $A = \{A_1, A_2, \cdots, A_m\}$ 以及相应的属性集 $C = \{C_1, C_2, \cdots, C_n\}$，也要给定每个属性的相对重要性权重集 $w = \{w_1, w_2, \cdots, w_n\}$，其中 m 为可选择方案的数量，n 为决策属性的数量。关于属性指标的权重大小，其表示方式可以是数字的，也可以是语言的；涉及的数据结构可以是精确的，也可以是不精确的。对于那些语言的或者不精确表示的属性指标、权重大小以及数据结构，都被相应地表示成决策空间中的模糊子集或者模糊数。

模糊属性指标值矩阵 F 可以表示为：

$$\tilde{F} = \begin{bmatrix} \tilde{f}_{11} & \tilde{f}_{12} & \cdots & \tilde{f}_{1n} \\ \tilde{f}_{21} & \tilde{f}_{22} & \cdots & \tilde{f}_{2n} \\ \vdots & \vdots & \ddots & \vdots \\ \tilde{f}_{m1} & \tilde{f}_{m2} & \cdots & \tilde{f}_{mn} \end{bmatrix}$$

可以采用广义模糊合成算子对模糊权重集 $\tilde{w}$ 及模糊属性指标值矩阵 $\tilde{F}$ 进行变换，得到模糊决策矢量 $\tilde{D} = \tilde{w} \otimes \tilde{F} = (\tilde{d}_1, \tilde{d}_2, \cdots, \tilde{d}_m)$。然后，基于模糊集的排序规则，对模糊决策矢量的元素排序，就可以从方案集中选出最优方案。

三、TOPSIS 方法

TOPSIS 的全称是"逼近于理想值的排序方法"（Technique for Order Preference by Similarity to Ideal Solution），是 Hwang 和 Yoon 于 1981 年提出的一种适用于根据多项指标、对多个方案进行比较选择的分析方法。这种方法的中心思想在于首先确定各项指标的正理想值和负理想值，所谓正理想解是一设想的最好值（方案），它的各个属性值都达到各候选方案中最好的值，而负理想解是另一设想的最坏值（方案），然后求出各个方案与理想值、负理想值之间的加权欧氏距离，由此得出各方案与最优方案的接近程度，作为评价方案优劣的标准。

TOPSIS 法是有限方案多目标决策的综合评价方法之一，它对原始数据进行同趋势和归一化的处理后，消除了不同指标量纲的影响，并能充分利用原始数据的信息，所以能充分反映各方案之间的差距、客观真实地反映实际情况，具有真实、直观、可靠的优点，而且其对样本资料无特殊要求，故应用日趋广泛。TOPSIS 法较之单项指标相互分析法，能集中反映总体情况、能综合分析评价，具有普遍适用性。例如，其在评价卫生质量、计划免疫工作质量、医疗质量；

评价专业课程的设置、顾客满意程度、软件项目风险评价、房地产投资选址；评价企业经济效益、城市间宏观经济效益、地区科技竞争力、各地区农村小康社会等方面都已得到广泛、系统的应用。

假设有 m 个目标，每个目标都有 n 个属性，则多属性决策问题的数学描述如下：

$$Z = \max/\min\{z_{ij} \mid i = 1, 2, \cdots, m; j = 1, 2, \cdots, n\}$$

TOPSIS 分析方法的一般解题步骤如下：

第一步：设有 m 个目标（有限个目标），n 个属性，专家对其中第 i 个目标的第 j 个属性的评估值为 x_{ij}，则得到初始判断矩阵 V 为：

$$V = \begin{vmatrix} x_{11} & x_{12} & \cdots & x_{1n} \\ x_{21} & x_{22} & \cdots & x_{2n} \\ \vdots & \vdots & \vdots & \vdots \\ x_{i1} & \cdots & x_{ij} & \cdots \\ \vdots & \vdots & \vdots & \vdots \\ x_{m1} & x_{m2} & \cdots & x_{mn} \end{vmatrix}$$

第二步：由于各个指标的量纲可能不同，需要对决策矩阵进行归一化处理：

$$V' = \begin{vmatrix} x'_{11} & x'_{12} & \cdots & x'_{1n} \\ x'_{21} & x'_{22} & \cdots & x'_{2n} \\ \vdots & \vdots & \vdots & \vdots \\ x'_{i1} & \cdots & x'_{ij} & \cdots \\ \vdots & \vdots & \vdots & \vdots \\ x'_{m1} & x'_{m2} & \cdots & x'_{mn} \end{vmatrix}$$

其中，$x'_{ij} = x_{ij} \bigg/ \sqrt{\sum\limits_{k=1}^{n} x_{ij}^2}$，$i = 1,2,\cdots,m$；$j = 1,2,\cdots,n$。

第三步：根据 DELPHI 法获取专家群体对属性的信息权重矩阵 $\boldsymbol{B}$，形成加权判断矩阵：

$$\boldsymbol{Z} = \boldsymbol{V'B} = \begin{vmatrix} x'_{11} & x'_{12} & \cdots & x'_{1n} \\ x'_{21} & x'_{22} & \cdots & x'_{2n} \\ \vdots & \vdots & \vdots & \vdots \\ x'_{i1} & \cdots & x'_{ij} & \cdots \\ \vdots & \vdots & \vdots & \vdots \\ x'_{m1} & x'_{m2} & \cdots & x'_{mn} \end{vmatrix} \begin{vmatrix} w_1 & 0 & \cdots & 0 \\ 0 & w_2 & \cdots & 0 \\ \vdots & \vdots & \vdots & \vdots \\ 0 & \cdots & w_j & \\ \vdots & \vdots & \vdots & \vdots \\ 0 & 0 & \cdots & w_n \end{vmatrix} = \begin{vmatrix} f_{11} & f_{12} & \cdots & f_{1n} \\ f_{21} & f_{22} & \cdots & f_{2n} \\ \vdots & \vdots & \vdots & \vdots \\ f_{i1} & \cdots & f_{ij} & \cdots \\ \vdots & \vdots & \vdots & \vdots \\ f_{m1} & f_{m2} & \cdots & f_{mn} \end{vmatrix}$$

第四步：根据加权判断矩阵获取评估目标的正负理想解：

正理想解为：

$$f_j^* = \begin{cases} \max(f_{ij}), j \in J^* \\ \min(f_{ij}), j \in J' \end{cases}, \quad j = 1,2,\cdots,n$$

负理想解为：

$$f_j' = \begin{cases} \min(f_{ij}), j \in J^* \\ \max(f_{ij}), j \in J' \end{cases}, \quad j = 1,2,\cdots,n$$

式中　J^*——效益型指标；

　　　J'——成本型指标。

第五步：计算各目标值与理想值之间的欧氏距离：

$$S_i^* = \sqrt{\sum_{j=1}^{m} (f_{ij} - f_j^*)^2}, \quad j = 1,2,\cdots,n$$

$$S_i' = \sqrt{\sum_{j=1}^{m} (f_{ij} - f_j')^2}, \quad j = 1,2,\cdots,n$$

第六步：计算各个目标的相对贴近度：

$$C_i^* = S_i'/(S_i^* + S_i'), \quad i = 1,2,\cdots,m$$

第七步：依照相对贴近度的大小对目标进行排序，形成决策依据。

四、基于 Vague 集的模糊多属性决策的 TOPSIS 方法

基于 Vague 集理论的模糊多属性决策问题，是指各个方案属性指标的取值是 Vague 值的决策问题。也就是要从以 Vague 表示的满足属性指标程度的候选方案中选出满足决策者要求的最佳方案。一般都用记分函数来表示方案满足决策者要求的程度大小，记分函数值越大，方案越满足决策者的要求。

设 A 为候选方案集，C 为属性集。$A = \{A_1, A_2, \cdots, A_m\}$，$C = \{C_1, C_2, \cdots, C_n\}$。每个方案 A_i 可以由一个 Vague 集表示为：

$$A_i = \{(C_1, [t_{i1}, 1 - f_{i1}]), (C_2, [t_{i2}, 1 - f_{i2}]), \cdots,$$

$$(C_n, [t_{in}, 1 - f_{in}])\}$$

式中　t_{ij}——方案 A_i 满足属性 C_i 的程度的下界；

　　　f_{ij}——方案 A_i 不满足准则 C_i 的程度的下界。

且有：

$$t_{ij} \in [0,1]; \quad f_{ij} \in [0,1]$$

$$t_{ij} + f_{ij} \leq 1$$

$$0 \leq i \leq m; \quad 0 \leq j \leq n$$

这里，决策者要在方案集 A_i 中选出一个最好的方案，最好的方案是指在同时满足约束条件 $C = \{C_1, C_2, \cdots, C_n\}$ 的情况下记分函数值最高。这里如果令 $1 - f_{ij} = t_{ij}^*$，则 A_i 可以重新改写为：

$$A_i = \{(C_1, [t_{i1}, t_{i1}^*]), (C_2, [t_{i2}, t_{i2}^*]), \cdots, (C_n, [t_{in}, t_{in}^*])\}$$

则 Vague 集模糊多属性决策问题可以用下面的矩阵 M 表示：

$$M = \begin{bmatrix} [t_{11}, t_{11}^*] & [t_{12}, t_{12}^*] & \cdots & [t_{1n}, t_{1n}^*] \\ [t_{21}, t_{21}^*] & [t_{22}, t_{22}^*] & \cdots & [t_{2n}, t_{2n}^*] \\ \vdots & \vdots & \ddots & \vdots \\ [t_{m1}, t_{m1}^*] & [t_{m2}, t_{m2}^*] & \cdots & [t_{mn}, t_{mn}^*] \end{bmatrix}$$

这里，每个属性都被赋予一个权重，权重向量为 $w = \{w_1, w_2, \cdots, w_n\}$。

在 TOPSIS 方法求解时，需要找到虚拟的 PIS 和 NIS。这里根据 Chen 提出的优势评分函数 $S(x)$ 来估计方案对于决策者需求的满意程度。这里假设 x_{ij} 表示方案 A_i 对准则 C_i 的适合程度，则有：

$$x_{ij} = t_{ij} - f_{ij} = t_{ij} + t_{ij}^* - 1$$

由此可以得到各个候选方案对准则的适合度矩阵：

$$SM = \begin{bmatrix} x_{11} & x_{12} & \cdots & x_{1n} \\ x_{21} & x_{22} & \cdots & x_{2n} \\ \vdots & \vdots & \ddots & \vdots \\ x_{m1} & x_{m2} & \cdots & x_{mn} \end{bmatrix}$$

其中，$0 \leqslant i \leqslant m; 0 \leqslant j \leqslant n$。从而可以确定 Vague 正理想解和 Vague 负理想解。

设：

$$r_{ij}^* = \max_{0 \leqslant i \leqslant m} x_{ij}, \quad r_{ij}^- = \min_{0 \leqslant i \leqslant m} x_{ij}$$

$$0 \leqslant i \leqslant m; 0 \leqslant j \leqslant n$$

当准则为效益型准则时，有：

$$A^* = (r_1^*, r_2^*, \cdots, r_n^*)$$

$$A^- = (r_1^-, r_2^-, \cdots, r_n^-)$$

当准则为成本型准则时，有：

$$A^* = (r_1^-, r_2^-, \cdots, r_n^-)$$

$$A^- = (r_1^*, r_2^*, \cdots, r_n^*)$$

A^* 和 A^- 为对应决策矩阵 M 中的 Vague 值的 VPIS 和 VNIS。如果两个 Vague 值具有相同的优势，则在效益型准则下，取 t_{ij} 大的 Vague 值为 VPIS，取 t_{ij} 小的 Vague 值为 VNIS。

然后根据 Vague 值的相似度量式，计算每个候选方案与 Vague 正理想解 A^* 和 Vague 负理想解 A^- 的距离如下：

$$d_i^* = \sum_{j=1}^n w_j M_z [(t_{ij}, t_{ij}^*), \text{VPIS}], \quad i = 1, 2, \cdots, m$$

$$d_i^- = \sum_{j=1}^n w_j M_w [(t_{ij}, t_{ij}^*), \text{VNIS}], \quad i = 1, 2, \cdots, m$$

其中，w_j 为各个指标的权重。

$$M_z[x,y] = 1 - \frac{|t_x - t_y - (f_x - f_y)|}{8} -$$

$$\frac{|t_x - t_y + f_x - f_y|}{4} - \frac{|t_x - t_y| + |f_x - f_y|}{8}$$

方案与理想解的贴近度计算为:

$$\sigma(A_i) = \frac{d_i^+}{d_i^* + d_i^-}, \quad i = 1, 2, \cdots, m$$

这里 $0 \leqslant \sigma(A_i) \leqslant 1$,该值越大,则方案越好。从而就可以根据每个方案 $\sigma(A_i)$ 值的大小来对方案进行排序,并选择最优的方案。

基于 Vague 集模糊多属性决策的 TOPSIS 方法的具体步骤可以概括为:

第一步:构造 Vague 决策矩阵 M。

第二步:利用评分函数计算每个方案对于决策者需求的满意程度。

第三步:构造适合度矩阵 SM。

第四步:根据 SM 确定正负理想解 VPIS 和 VNIS。

第五步:确定各属性指标的权重。

第六步:计算各方案的相对贴近度。

第七步:根据相对贴近度 $\sigma(A_i)$ 的计算结果,将各方案排序,选择最优的方案。

第三节 基于 Vague 集 TOPSIS 方法的科普巡展活动效果评价

2010 年中国科协"主题展览开发和巡展项目"的首个启动项目——"低碳生活,节能减排"主题科普展览,在全国 8 个主要城市开展了巡展活动。该展览由"气候变暖,全球关注"、"节能减排,人类行动"、"科技引领,低碳生活"三部分组成,形式上打破了传统图文说教的模式,融入了新媒体的理念及技术,在重庆、北京、武汉、南京、杭州、西安、芜湖、哈尔滨共 8 个城市各展出 1 个月,取得了较好的效果。这里以该巡展活动为例,运用基于 Vague 集的 TOPSIS 多属性决策方法,对各城市巡展举办的效果进行评价。

一、评价指标设定与方法选择

(一) 评价的目标

评估的最终目标是为了检验巡展活动是否实现了预期的目的和效果，以及评估巡展在不同城市和地区举办的成效。评估旨在实现以下 3 个具体目标：

(1) 测度展览的社会效益，包括科技传播效果和资源共享效果。

(2) 了解公众对于展览的实际感受和评价，测查展览在内容、形式、组织服务、宣传等方面是否满足了公众的需求。

(3) 收集到公众对于展览各个方面的建议和意见，为今后的改进和提高提供依据。

(二) 评估指标设定

依据本次评估目的，并结合此次展览普及低碳知识，倡导低碳理念，推行低碳实践的预期目的，设计了如下评估指标体系，见表 5-1。

表 5-1　评估指标体系

一级指标	二级指标	三级指标	评估方法
筹备落实	活动策划	主题吻合度	问卷调查
		活动创新性	问卷调查
	活动落实	与计划的匹配程度	访谈，数理统计
		带动资金到位程度	访谈，数理统计
资源共享	利用频率	展览场次	数理统计
		展览时长	
		展览复制次数	
	社会宣传	宣传数量	数理统计
		宣传渠道	

一级指标	二级指标	三级指标	评估方法
资源共享	社会投入	主办和承办单位个数	数理统计
		科研院所和企业的个数	
		相关专家人数	
共享效果	公众方的效果	参观人数	数理统计
		满意度	问卷调查
		知识收获	问卷调查
		理念启示	问卷调查
		行为倾向	问卷调查
	接展方的效果	队伍建设	访谈
		资金拉动	访谈，数理统计
		设施利用	访谈，数理统计
		展教内容和形式的扩展	访谈，数理统计

（三）对各级指标解释

整个评估指标体系分三层。下面将详细解释一级指标和二级指标的设计意图、各个三级指标的实际内涵，并介绍各个指标评估的实现方法。

1. 一级指标设计意图

第一层的项目为一级指标，共3个，分别是筹备落实、资源共享和共享效果。这3个指标结合起来，反映的正是科普展览资源巡展和共享服务的全过程。其中，"筹备落实"是资源共享的前提条件，科学、细致的准备和对计划的全面落实是保证巡展效果的前提。"资源共享"反映的是展览资源的利用范围和利用效率。利用范围越广、利用效率越高说明资源共享的效益越好。"共享效果"反映的是展览资源共享服务对社会公众和资源共享方，即接展方产生的积极影响。

2. 二级指标设计意图

第二层的项目为二级指标，共有 7 个。二级指标是对一级指标的具体化。其中，"筹备落实"下面设"活动策划"与"活动落实"两个二级指标，前者从巡展活动的筹划角度出发，来看巡展活动的创意和与主题的相关程度；后者从巡展活动实际安排与落实的角度出发，来看巡展活动筹划阶段的创意及相关计划得到落实和执行的情况。这两个角度结合起来，反映的是整个巡展在计划准备阶段的效果。

"资源共享"从利用频率、社会宣传两个角度共同反映资源共享的实际情况。这个指标实际上是客观指标，要通过数理统计的方法实现。其中，利用频率主要是针对展览的实际举办过程的各项指标的统计，社会宣传则是反映为了扩大展览资源在社会上影响、扩大展览的社会知晓度而进行的相关宣传报道工作。

"共享效果"是从展览资源共享服务对社会公众和资源共享方产生的直接影响和效果得以体现的。这两个方面都是展览资源共享服务的服务对象，既可以体现出公众对于展览的认识、反响和评价，也可以测度巡展资源对于接展方产生的影响。

3. 对三级指标的详细说明

第三层为三级指标，三级指标共为 21 个。它们是评价主题展览巡展服务社会效益的基本元素。表 5-2 详细介绍了各个三级评估指标的含义。

表 5-2　各个三级评估指标的含义

项目	三级指标	指标说明
1	主题吻合度	指巡展内容与科普宣传主题的相关程度
2	活动创新性	指巡展内容、形式等的新颖程度
3	与计划的匹配程度	指巡展活动计划方案的落实程度
4	带动资金的到位程度	指巡展活动所需自己到位的比例

项目	三级指标	指 标 说 明
5	展览场次	指展览实际进行的次数
6	展览时长	指展览的累计时间
7	展览复制次数	指展板或展品被复制的次数
8	宣传数量	指针对展览活动进行的各种宣传报道的数量
9	宣传渠道	指针对展览活动进行的各种宣传报道的媒介种类和数量
10	主办和承办单位个数	指展览的主办和承办单位的数量
11	科研院所和企业的个数	指对展览提供赞助的科研院所和带动效应企业的数量
12	相关专家人数	指对展览提供支持的相关专家的人数
13	参观人数	指实际参观展览的观众数量
14	满意度	指观众、专家等对展览各方面的总体评价
15	知识收获	指观众等参观展览后所获的知识信息
16	理念启示	指观众等参观展览后所受的理念方面的启示和影响
17	行为倾向	指观众等参观展览后有可能在行为方面产生的变化和影响
18	队伍建设	指展览资源共享服务对接展方展教人员及相关管理人员产生的有益影响
19	资金拉动	指接展方因接受展览而得到当地支持的相应配套资金

项目	三级指标	指标说明
20	设施利用	指接展方因承接展览而利用起来的闲置设施情况
21	展教内容和形式的扩展	指接展方在承接展览同时，开展的相关主题的活动及配套活动

（四）评价方法选择

对于科普巡展活动资源共享效果的评估，在多数情况下，涉及相对较为专业的领域，为保证评估结果的科学有效性，评估人员应当由相关领域的专业人士担任。

根据表 5-1 所给出的评估指标体系，不难发现，对于科普巡展活动效果的评估指标有很大一部分依赖于评估者的职业判断，多数指标不能以精准的数字进行量化的衡量。即使是一些可以量化的指标，在进行巡展所在的不同地区巡展效果的比较时，仅仅比较数目具体的差额，意义也不是很大。所以，提供给评估人员的评估标准多是以语言而非数字进行描述的。

因此，选择的评估方法应当便于评估人员在模糊和不确定的情况下进行评价。同时，要以语言变量来代替具体的数字供评估人员进行评估。综上所述，这里确定了基于区间值 Vague 集的多属性模糊决策方法。选择该方法的原因归结为以下几点：

（1）多数指标难以用精准的数字衡量，而基于区间值 Vague 集的多属性模糊决策方法可在模糊或不确定的情况下进行决策。

（2）评估人员多用语言描述、评判和比较各评估指标的优劣，而基于区间值 Vague 集的多属性模糊决策方法正是通过语言变量代替数字来确定各目标的相对优属度。

（3）通过语言变量来表示评估人员的偏好更符合评估人员的习惯。

二、确定各指标的权重

这里运用层次分析法确定各指标的权重。层次分析法是最常用的属性权重主观确定方法之一，其根本问题是求判断矩阵的最大特征根及其对应的特征向量。在该方法的实际工作中，人们可以采用精确计算，也可以采用近似计算。这里采用近似计算法中的和积法对指标的权重进行计算。

（一）和积法的基本步骤

第一步：确定判断矩阵，并进行规范化处理。一般可以根据 1 ~ 9 的比例标度确定构建相对重要程度比较判断矩阵 $B = (b_{ij})_{n \times n}$，然后，进行对判断矩阵的每一列进行规范化处理。采用的规范化处理方法为：

$$\overline{b_{ij}} = \frac{b_{ij}}{\sum\limits_{j=1}^{n} b_{ij}}, \quad i,j = 1,2,\cdots,n$$

第二步：将规范化后的判断矩阵的每一行相加得到向量 $\overline{W} = [\overline{w_1}, \overline{w_2}, \cdots, \overline{w_n}]^{\tau}$。

其中：$\overline{w_i} = \sum\limits_{i=1}^{n} \overline{b_{ij}}, i,j = 1,2,\cdots,n$。

第三步：再将得到的向量 $\overline{W} = [\overline{w_1}, \overline{w_2}, \cdots, \overline{w_n}]^{\tau}$ 按下列方法进行规范化处理：

$$w_i = \frac{\overline{w_i}}{\sum\limits_{i=1}^{n} \overline{w_i}}$$

从而可以得到新的特征向量 $W = [w_1, w_2, \cdots, w_n]^{\tau}$，该特征向量就是该层次指标的权重向量。

第四步：计算判断矩阵的最大特征根 λ_{max}。

$$\lambda_{\max} = \sum_{i=1}^{n} \frac{(BW)_i}{nw_i}$$

第五步：依据 $\lambda_{\max}$，求得一致性检验指标 CI。$CI = \dfrac{\lambda_{\max} - n}{n - 1}$。查表 5-3，得到平均随机一次性指标 RI，RI 是多次（大于 500 次）重复进行随机判断矩阵特征值的计算后取算术平均值得到的。计算一致性比例 $CR = CI/RI$，当 $CR < 0.1$ 时，一般认为 A 的一致性是可以接受的；否则需要对判断矩阵中各元素的取值进行重新调整，直到达到满意的一致性为止。

表 5-3　重复计算 1000 次的 *RI*

n	1	2	3	4	5	6	7	8	9	10	11	12
RI	0.00	0.00	0.52	0.89	1.12	1.26	1.36	1.41	1.46	1.49	1.52	1.54

（二）确定科普巡展有效性评价指标的权重

这里以一级指标中的 3 个指标为例说明和积法权重的确定过程。首先确定决策判断矩阵 **B**。

$$B = \begin{pmatrix} 1 & 1/5 & 1/7 \\ 5 & 1 & 1/2 \\ 7 & 2 & 1 \end{pmatrix}$$

然后对决策矩阵 **B** 进行规范化处理得到 $\overline{B}$。有：

$$\overline{B} = \begin{pmatrix} 0.0769 & 0.0625 & 0.0870 \\ 0.3846 & 0.3125 & 0.3043 \\ 0.5385 & 0.6350 & 0.6087 \end{pmatrix}$$

则有：

$$\overline{W} = \begin{pmatrix} 0.2264 \\ 1.0015 \\ 1.7722 \end{pmatrix}$$

$$W = \begin{pmatrix} 0.0775 \\ 0.3388 \\ 0.5907 \end{pmatrix}$$

$$BW = \begin{pmatrix} 0.2266 \\ 1.0065 \\ 1.7866 \end{pmatrix}$$

计算判断矩阵的最大特征根为：

$$\lambda_{max} = \sum_{i=1}^{n} \frac{(BW)_i}{nw_i}$$

$$= \frac{0.2266}{3 \times 0.0775} + \frac{1.0065}{3 \times 0.3388} + \frac{1.7866}{3 \times 0.5907}$$

$$= 3.0142$$

计算一致性检验指标 CI：

$$CI = \frac{\lambda_{max} - n}{n - 1} = \frac{3.0142 - 3}{3 - 1} = 0.0071$$

查表 5-3，得到 $RI = 0.52$，从而计算一致性比率 CR：

$$CR = \frac{CI}{RI} = \frac{0.0071}{0.52} = 0.0136 < 0.1$$

可以推断，判断矩阵具有满意的一致性，从而就可以确定第一层次 3 个指标的相对权重。同样道理，可以确定每个层次各个指标的权重，最终得到科普巡展活动有效性评价各指标之间的权重关系，见表 5-4。

表 5-4 各评价指标的权重

一级指标	二级指标	三级指标
A 筹备落实 0.0775	A1 活动策划 0.0256	A11 主题吻合度 0.0128
		A12 活动创新性 0.0128
	A2 活动落实 0.0519	A21 与计划的匹配程度 0.0348
		A22 带动资金到位程度 0.0171
B 资源共享 0.3388	B1 利用频率 0.1585	B11 展览场次 0.0442
		B12 展览时长 0.0686
		B13 展览复制次数 0.0457
	B2 社会宣传 0.0794	B21 宣传数量 0.0397
		B22 宣传渠道 0.0397
	B3 社会投入 0.1009	B31 主办和承办单位个数 0.0240
		B32 科研院所和企业的个数 0.0437
		B33 相关专家人数 0.0332
C 共享效果 0.5907	C1 公众方的效果 0.4726	C11 参观人数 0.1181
		C12 满意度 0.2127
		C13 知识收获 0.0567

一级指标	二级指标	三级指标
C 共享效果 0.5907	C1 公众方的效果 0.4726	C14 理念启示 0.0567
		C15 行为倾向 0.0284
	C2 接展方的效果 0.1181	C21 队伍建设 0.0315
		C22 资金拉动 0.0277
		C23 设施利用 0.0150
		C24 展教内容和形式的扩展 0.0156

三、构造 Vague 决策矩阵

根据表 5-1，评价指标值的获取分为两类。第一类是通过问卷调查获得，另一类是根据访谈或数理统计获得。

对于第一类问卷调查指标，调查对象为科普巡展活动的参观者。设计问卷时问题的答案选项一般设计成好、较好、一般、较差和差 5 个等级。在统计时，把答案为好和较好的问卷比例计为 Vague 集的真隶属函数 $t_A(x_i)$，而把答案为较差和差的问卷比例计为 Vague 集的假隶属函数 $f_A(x_i)$，而把答案为一般的问卷比例计为对于 Vague 集的不确定度 $\pi_A(x_i)$。显然，有 $\pi_A(x_i) = 1 - t_A(x_i) - f_A(x_i)$，且有 $0 \leq t_A(x_i) + f_A(x_i) \leq 1$。

对于第二类通过访谈或者数理统计获得的指标，其访谈对象是活动的工作人员及参与的专家，指标的获取也是通过类似方式通过专家打分获得。

由于数据处理量的问题，这里仅以一级指标资源共享效果中公众方效果的 5 个指标为例，来说明运用基于 Vague 的 TOPSIS 方法进行科普巡展资源共享有效性的评价过程。各巡展城市资源共享效果评价指标构成的 Vague 决策矩阵见表 5-5。其中，参观人数指标的

Vague 值是按照下列规则预先确定的。人数在 3 万人以上为很好，Vague 值取值为（0.85，0.95），人数在 2.5 万～3 万人之间为较好，Vague 值取值为（0.70，0.85）；人数在 2 万～2.5 万人之间为一般，Vague 值取值为（0.55，0.70）；人数在 1.5 万～2 万人之间为较差，Vague 值取值为（0.35，0.55）；人数在 1.5 万人以下为很差，Vague 值取值为（0.15，0.35）。其余指标取值按照问卷调查指标的赋值规则确定。

表5-5　各城市巡展公众方资源共享效果的指标评价值

城　市	C11	C12	C13	C14	C15
重　庆	(0.55,0.70)	(0.44,0.82)	(0.51,0.78)	(0.65,0.79)	(0.54,0.73)
北　京	(0.85,0.95)	(0.67,0.79)	(0.69,0.87)	(0.76,0.82)	(0.74,0.83)
武　汉	(0.55,0.70)	(0.68,0.90)	(0.55,0.78)	(0.62,0.86)	(0.54,0.78)
南　京	(0.35,0.55)	(0.34,0.87)	(0.45,0.78)	(0.42,0.82)	(0.46,0.78)
杭　州	(0.35,0.55)	(0.56,0.73)	(0.63,0.82)	(0.55,0.79)	(0.49,0.72)
西　安	(0.15,0.35)	(0.36,0.81)	(0.42,0.76)	(0.45,0.86)	(0.42,0.71)
芜　湖	(0.70,0.85)	(0.72,0.90)	(0.66,0.76)	(0.69,0.86)	(0.59,0.79)
哈尔滨	(0.70,0.85)	(0.54,0.79)	(0.76,0.82)	(0.66,0.87)	(0.57,0.87)
指标权重	0.1181	0.2127	0.0567	0.0567	0.0284
内部权重	0.2499	0.4501	0.1200	0.1200	0.0601

资料来源：中国科协"主题展览开发和巡展项目"评估报告，2010。

　　其中，内部权重是指 5 个指标在公众方资源共享 5 个指标内部各自的权重。

四、基于 Vague 集的 TOPSIS 方法应用

(一) 确定 VPIS 和 VNIS

在运用 TOPSIS 方法进行决策时，需要找出基于 Vague 集的 PIS 和 NIS，即 VNIS 和 VPIS。这里按照下列排序函数来确定 VNIS 和 VPIS：

$$x_{ij} = t_{ij} - f_{ij} = t_{ij} + t_{ij}^* - 1$$

其中，x_{ij} 的值越大，说明方案越满足决策者的要求。根据这个规则，确定该决策矩阵的 VNIS 和 VPIS：

$$\text{VPIS} = [(0.85,0.95);(0.72,0.90);(0.76,0.82);$$

$$(0.76,0.82);(0.74,0.83)]$$

$$\text{VNIS} = [(0.15,0.35);(0.36,0.81);(0.42,0.76);$$

$$(0.42,0.82);(0.42,0.71)]$$

(二) 计算各个城市巡展活动公众方资源共享效果到 VPIS 和 VNIS 的距离 d_i^* 和 d_i^-

计算公式为：

$$d_i^* = \sum_{j=1}^n w_j M_z[(t_{ij},t_{ij}^*),\text{VPIS}], \quad i = 1,2,\cdots,8$$

$$d_i^- = \sum_{j=1}^n w_j M_w[(t_{ij},t_{ij}^*),\text{VNIS}], \quad i = 1,2,\cdots,8$$

其中，w_j 为各个指标的权重。

$$M_z[x,y] = 1 - \frac{|t_x - t_y - (f_x - f_y)|}{8} -$$

$$\frac{|t_x - t_y + f_x - f_y|}{4} - \frac{|t_x - t_y| + |f_x - f_y|}{8}$$

计算结果见表 5-6。

表 5-6 各城市公众方资源共享效果到正负理想解的距离及相对贴近度

城　市	d_i^*	d_i^-	$\sigma(A_i)$
重　庆	0.871991	0.906006	0.546690
北　京	0.969645	0.804019	0.542174
武　汉	0.925403	0.852294	0.522393
南　京	0.804692	0.949143	0.520563
杭　州	0.871454	0.892286	0.494094
芜　湖	0.781801	0.988084	0.490434
西　安	0.96545	0.815252	0.458819
哈尔滨	0.927639	0.848109	0.441724

（三）计算相对贴近度

计算出 d_i^* 和 d_i^- 之后，就可以根据下列公式计算各城市公众方资源共享效果的相对贴近度 $\sigma(A_i)$。$\sigma(A_i)$ 越大，表示方案 A_i 越接近理想解 A^* 和远离负理想解 A^-。计算结果见表 5-6。

$$\sigma(A_i) = \frac{d_i^+}{d_i^* + d_i^-}, \quad i = 1, 2, \cdots, 5$$

（四）确定评价结果

根据相对贴近度的计算结果，可知各城市科普巡展公众方资源共享效果的评价结果顺序为北京、西安、哈尔滨、武汉、杭州、重庆、南京、芜湖。

　　以上是针对公众方资源共享效果评价的 5 个指标进行的评价。同样道理，可以对 8 个城市"低碳生活，节能减排"主题科普巡展的整体效果进行评价。各巡展城市到正负理想解的距离以及相对贴近度的计算结果见表 5-7。

表 5-7　各巡展城市到正负理想解的距离及相对贴近度

城　市	d_i^*	d_i^-	$\sigma(A_i)$
重　庆	0.9332	0.8783	0.515153
北　京	0.9272	0.8934	0.509283
武　汉	0.9365	0.8784	0.516006
南　京	0.9204	0.8858	0.509578
杭　州	0.9294	0.8804	0.513537
芜　湖	0.9162	0.9024	0.503794
西　安	0.9335	0.8769	0.515632
哈尔滨	0.9291	0.8881	0.511281

　　根据相对贴近度，可知 8 个巡展城市的排序为：A3 > A7 > A1 > A5 > A8 > A4 > A2 > A6。故科普巡展活动在 8 个巡展城市中资源共享效果的排序为武汉、西安、重庆、杭州、哈尔滨、南京、北京、芜湖。

（五）　结果分析与总结

　　（1）巡展促进了各接展科普场馆展教功能的发挥，扩大了其社会影响。

科技馆的主要功能是展示和教育，展览资源是科技馆发挥展教功能的基础。"低碳生活，节能减排"的到来，为科技馆提供了适合社会各类人群、符合社会热点的展览资源，为其发挥科技馆展教功能提供了资源支持。具体而言，展览在北京的巡展成为"北京科技周主场活动"的一项重要内容，而西安、南京、哈尔滨等地也将此次巡展与当地重要活动相结合，达到了资源共享的效果。除此之外，展览前后，各地各类媒体对巡展活动进行的积极报道，多家单位联系参观，都有助于这几个科技馆的社会影响有效扩大。

（2）承接巡展使地方科技馆的人员队伍得到锻炼。

访谈结果显示，"低碳生活，节能减排"主题展览的巡展，为科技馆展教人员提供了又一次举办临时展览的锻炼机会。陕西省科技馆为了配合展览，宣传本地节能减排的重大战略，组织本馆展教人员，开发了与主题展览同名的具有本土特色的展览。展览的制作过程对于科技馆来说是一次锻炼队伍的机会，全馆上下科学组织，分工协作，展教人员亲自参与选题、选材、制作，实现了工作人员的业务能力和科技馆展览开发能力的新提升。而哈尔滨科学馆恰逢 2010 年新招进一批年轻工作人员，借着展览巡展之际，新进人员在布展、讲解咨询等方面都得到了锻炼，同时有机会与公众近距离交流，了解公众的参观需求，对科普工作有更进一步的认识。

（3）本次巡展带动了各地多项科普活动的开展。

本次展览巡展为各地科技馆搭建了科普活动开展的良好平台。比如，展览在陕西省科技馆巡展期间，西安市中学还开展了一系列同主题的科普活动，包括：西安交通大学光明中学向全省中小学生发出"低碳生活，节能减排"倡议活动，兴平市秦岭公司子弟学校 200 多名师生在现场举办校园科技节等。可见，伴随衍生科普活动的诞生，主题展览巡展的资源共享社会效益进一步体现出来了。

（4）通过巡展建立了中央和地方科普资源共享的长效合作机制。

　　借助中国科协"主题展览开发与巡展项目"搭建的平台，有望形成中央和地方资源共享的长效机制。而通过举办本次展览，地方科技馆与首都及中央级科普机构的长远合作的机制也初步建成。这对于今后科普工作中的资源共享和优势互补将具有重大意义。

第六章　北京市科普资源
共享机制建设

第一节　科普资源共享机制概述

一、科普资源共享机制的内涵与构成

科普资源共享的核心，就是要建立一种众多科普资源拥有者参与的对科普资源共同建设和相互提供利用的机制。动力心理学的代表人伍德沃思认为，人的活动有两个方面：一是内驱力，一是机制。对行为而言，机制是回答"怎样"的问题，内驱力是回答"为什么"的问题。行为的产生是一系列相互作用的因素共同影响而形成的，这些因素相互牵制或者相互促进，它们之间的相互作用形成了所谓的机制。因此，机制一般是指机体的构造、功能及其相互关系。在任何一个系统中，机制都起着基础性的、根本的作用。在理想状态下，有了良好的机制，甚至可以使一个社会系统接近于一个自适应系统——在外部条件发生不确定变化时，能自动地迅速作出反应，调整原定的策略和措施，实现优化目标。由此可把"机制"定义为：影响该系统的各因素的结构、功能及其相互关系，以及这些因素产生影响、发挥功能的作用过程和作用原理及其运行方式，是引导和制约决策并与人、财、物相关的各项活动的基本准则及相应制度，是决定行为的内外因素及相互关系的总称。

科普资源共享机制是指科普资源共享体系内各政府部门、科技团体、企业事业单位以及广大公众间的责、权、利关系，各要素之间相互促进、相互制约的连接方式以及各环节有效协同完成其共享目标的运行方式和相关制度保障系统。

科普资源共享机制由共享主体、共享方式、共享规则、共享资

源4个要素构成（见表6-1）。

表6-1　科普资源共享机制要素

共享要素	涵盖的具体内容			
共享主体	政府部门	科技团体	企业事业单位	社会力量
共享方式	点对点	公共服务平台	免费	联盟团体
	交换	合作	非营利	商品交易
共享规则	共享程序	共享制度	共享协议	共享文化
共享资源	科技工作者	基础设施、实物资源、虚拟资源、专项科普		

（1）共享主体。政府部门、科技团体、企业事业单位是科普运行机制中最基本的运行主体，各种社会力量是科普运行机制的主体之一。

（2）共享方式。科普资源共享方式是多样化的。如点对点共享、公共服务平台共享、免费共享、非营利共享、交换共享、合作共享、联盟团体共享、商品交易共享等方式。

（3）共享规则。科普资源共享规则包括共享程序、协议以及共享文化等方面的内容。它是共享体系的中介，其目的在于有序地、合理地利用资源，并协调共享主体之间的关系。

（4）共享资源。按照承载科普资源的载体分为人和物两类资源，其中人主要包括广大科技工作者。物包括四类：1）科普资源基础设施，如各大科技馆、博物馆、实验室等。2）实物资源，如科普展品，挂图、仪器等。3）虚拟资源，如以中国数字科技馆为代表的网络科普资源等。4）针对重点四类人群的专项科普，如针对农村的"科普惠农兴村计划"，"一站、一栏、一员"计划，"科普惠农服务站、农村科普工作队"，针对社区居民的公共阅览室、宣传栏、老年大学；针对青少年的科技创新大赛、科技培训场所、小发明创造；针对公务员、企业领导的科普讲座和科技培训等专项科普。

由以上共享主体、共享方式、共享规则、共享资源四要素构成的科普资源共享机制，具体包括五大机制：一是投入机制。科普需要通过营造良好的科普投入机制和方式，实现科普融资和投入主体多元化，广泛吸纳政府、企业、个人多种投入主体的资源投入。二是动员机制。科普需要全社会广泛参与，科普动员机制建设需要发挥政府在社会动员中的主导作用，建立科普动员的支撑平台，通过动员平台鼓励社会各主体参与科普事业的同时，也提高了科普参与意识，互动使得科普主体充分了解科普对象对科普内容的需求。三是利益激励机制。任何资源的共享均需协调资源所在方、中介服务方和需求方的利益，平衡资源所有者、经营与使用者的利益，由于对科普资源中非公共物品的共享，具有共享投入主体与共享需求方的分离性，使得利益激励平衡机制具有更为重要的作用。要使科普资源拥有者——高等院校、科研院所、国家重点实验室、大型企业、科普示范基地等积极开展科普活动，需要明晰其不同的利益诉求，实施正激励鼓励科普活动。四是协调管理机制。科普工作的开展是跨部门、跨行业、跨地区的联动，对资源的整合需要借助政府宏观调控能力和监管责任，建立独立运营的平台管理体系。五是评价反馈机制。科普实践活动的价值就是科普效果。科普有明确目标，对科普组织和个人的科普行为及其结果进行评价反馈，是实现科普目标的基本保障。

二、科普资源共享机制建设的重要意义

科普是全社会的共同事业，科普工作是一个包含了社会各种力量在内的大系统。《科普管理体制和运行机制创新研究总报告》指出：现代科普要从全社会的角度，用开放的观点和大科普的思路，科普资源共享机制运行需要有一个广泛的、多层次的、多方面的条件系统。包括政府部门、科技团体、企业事业单位以及广大社会公众。充分整合、科学利用社会科普资源，调动和组织各个方面的社会科普力量，推动群众性、社会性、经常性科普活动的开展，不断放大科普工作的效应，是社会主义和谐社会建设的基础工程，更是加快提高全民科学素养，促进经济社会又好又快发展的有效途径。由此可见，科普资源共享机制的建设对新时期科普工作的开展具有

重要的意义。

（一）建立科普资源共享机制是新时期公民对科普需求的客观要求

随着社会的进步和人民科学素质的不断提高，人们对科普的质量和数量的需求越来越高，面对有限的科普资源开发与建设的社会投入，通过搭建并完善科普资源共建共享机制，集成社会科普人力、物力、财力资源，通过服务平台把科普资源的供给与广大公众的需求有机地联系起来，提高科普资源的利用率，为广大公众提供针对性的服务，是新时期公民对科普需求的必然要求。2006 年 2 月，国务院颁布的《全民科学素质行动计划纲要》将"科普资源开发与共享"作为新时期提高公民科学素质的重点基础工程之一，并把它作为今后一段时期我国科普工作的主要任务之一。而要实现科普资源的共建共享，机制是核心。《中国科协科普资源共建共享方案(2008～2010)》确定的工作目标指出：到 2010 年底，科普资源的总量有较大增加，资源种类的结构较为合理，资源开发水平显著提升，为公众、科普工作者和大众传媒提供科普资源服务的能力明显提高，可为我国公民科学素质建设工作提供强有力的资源支撑。这一目标的实现有赖于科普资源共建共享机制建立及良好运行，良好的机制将为科普资源共建共享的实现提供有效的平台，能够使共享主体、共享方式、共享资源、共享规则等几方面构成要素相互促进、高效运行。

（二）建立科普资源共享机制是科普事业可持续发展的根本要求

科普管理体制和运行机制是影响科普事业发展的关键因素。科普事业可持续发展依赖于有序、和谐、有效的管理体制，以及高效、灵活、发展的运行机制。建立科普资源共建共享机制，通过法律强制、政策引导、绩效评估、奖励等激励机制，可以有效地调动各方参与的积极性，实现科普资源开发、转化、维护、更新平衡发展，盘活科普资源存量，增大科普资源总量。可解决科普共享资源平台缺乏、资源内容匮乏、资源建设重复、资源孤岛现象等问题，把有限的资源充分调动起来，进行优化配置，为科普事业可持续发展提供有力保障。

（三）建立科普资源共享机制是提高科普资源效益的内在要求

科普事业是社会公益性事业。而科学技术普及的基础条件就是科普资源，我国科普资源总量虽然在逐年提升，但相对于发达国家而言，仍处于相对较低的水平，同时现在我国科普资源共享实践中面临的突出问题是拥有共享资源的主体没有进行资源共享的意识和渠道，而资源共享实践者却困于没有可共享的资源。科普资源共享机制的建立可以把科普资源的供给与公众的需求有机地联系起来，提高科普资源的利用率，为广大公众提供针对性的服务；可以通过法律强制、政策引导、绩效评价、奖励机制等推进科普系统正常运行，从而降低资源开发成本；通过机构设置、分工合作、规划计划、沟通协商、项目管理等多种方式，对各部分条块分割、各自为政、分散决策等运行格局进行协调，形成优势互补和组织的集成，达到科普组织上的协调统一，发挥社会组织间的"1+1＞2"协同效应。可见，通过整合各种科普资源，发挥社会各界力量的优势，使科普资源充分共享，从而达到科普资源效用最大化。

第二节　北京市科普资源共享机制建设现状

一、北京科普资源共享服务平台

（一）平台的概况

北京科普资源共享服务平台（www. kpzy. org）是由北京市科学技术协会主办，北京科普发展中心承办，旨在运用现代化信息技术手段汇集各类优质科普资源，促进资源开发，扩大资源的共建、共享与交流的综合科普信息资源网站。

平台以首都科普工作的实际需求为导向，综合运用"网格"和"云计算"技术，打造"信息资讯"、"研发服务"、"科普超市"和"资源联盟"四大职能模块，为北京科普资源联盟成员单位、科普工作者及社会公众提供科普资讯、资源发布与查询、供需对接、在线研发、首都品牌科普活动和科普产品交易等全方位的服务和支撑，从而在科普资源共建共享的基础上，该平台提供了一站式、全方位的综合科普服务。

1. 信息资讯

信息资讯板块由"科普资讯、专家风采、科普基地、科普活动、需求信息"等多个资讯模块组成，各模块相互衔接构成内容丰富、使用便捷的专业科普资源信息频道。通过平台的搜索引擎技术，使得优质高端科普资源的查询搜索变得更加高效便捷、查询结果一目了然。

2. 研发服务

运用"云计算"的强大数据处理能力和存储能力，为研发人员提供功能丰富、随时可用、随地可用的"研发服务"套餐，使科普创作摆脱软、硬件和地理位置的限制，吸引更多人参与到科普资源研发的队伍中来，提升资源的数量与质量。

3. 科普超市

广泛汇聚优质科普产品资源和科普服务资源，为社会搭建科普资源展示交易平台，特设置"社区益民"专区为"北京社区科普益民计划"提供支撑服务，为相关需求机构提供科普资源配送等服务，同时开设"网络资源下载"，通过网格节点技术，为公众提供大量数字化科普资源免费使用和下载。

4. 资源联盟

为更好的服务北京科普资源联盟工作，北京科普资源共享服务平台设立资源联盟板块，提供联盟动态、联盟概况、联盟资源等服务，提升了联盟工作效率与影响力，并成为联盟成员单位对外统一展示科普工作的平台。

（二）平台运行效果

北京科普资源共享服务平台经过近半年的上线试运行，于2012年5月北京科技周期间完成了平台正式上线。2012年下半年，平台部探索出一条北京科普资源网格节点建设和管理新模式，完成了5家北京科普资源骨干节点建设工作，同时完成了北京科普动漫创意大赛官方网站及北京科普资源联盟板块的开发、平台运行机制探索、资源汇集等工作。

平台经过一年的运行，截至2012年底，共汇聚各类科普资源总量达到近11万件（套），主要包括：数据资源102192个、科普资讯1111条、科普基地210家、专家资源119个、科普展教品及图书期刊等3846件、科普服务及科普活动资源包15个。经统计，从网站2012年1月开通试运行以来，浏览量已突破2万次，专业用户注册数约300个。随着平台的不断发展壮大，预计在"十二五"末期，平台资源将突破15万件，并逐步向着务实、高端、精品化的方向不断迈进。

（三）科普资源网格节点建设

科普资源网格是综合利用网格技术、P2P技术等网络技术把地理上广泛分布的图片、报告、游戏、展品等数字化科普资源连成一个逻辑整体，为用户提供一体化服务，充分实现资源共享与应用，达成矩阵化、网格化的全社会科普资源共享。

国家科普资源网格技术是由中国科协委托中科院计算机网络信息中心研发建设的一个基于网格、P2P等网络技术的分布式科普资源共享平台。通过国家科普资源网格，可方便快捷地把地理上广泛分布的数字化科普资源连成一个逻辑整体，为用户提供一体化服务，实现对现有科普资源在不改变资源权属条件下分布异地、异构多样的动态接入、快速发现、便捷使用和优化利用，达成矩阵化、网格化的全社会科普资源共享，通过这种可管理的分布式资源共享模式可以有效地解决目前在科普资源共享过程中政策、技术和运营层面上遇到的一些问题，为解决科普资源共建共享提供了一个新的有效的解决方案和途径。2011 年，国家科普资源网格（http：//grid. kepu. cn）建设完成，其利用骨干节点和普通节点大量共享数字化科普资源，实现了数字化科普资源有效整合和共享。

北京科普资源共享服务平台作为国家科普资源网格北京骨干节点已建设完成并正式上线，目前，已实现与国家科普资源网格进行数字科普资源共享。为进一步丰富网格数字科普资源，推动首都科普资源共建共享工作，2012 年，北京市科协、北京科普发展中心大力开展北京地区骨干节点建设工作，完成了北京科普发展中心、北京市通州区科学技术协会、北京天文馆、北京自然博物馆、北京科学技术出版社 5 家单位的骨干资源节点建设工作，共享优质科普资源千余件，实现了中国科协、北京市科协、区县科协三级资源共享的新模式。

二、北京科普资源联盟

（一）成立的背景

科普资源是科普工作的工具，也是科普能力的载体，在公民科学素质建设和科技创新文化建设中发挥着极其重要的作用。目前，我国科普资源建设包括北京在内，总体上来说面临着"资源相对较少，优质资源更少，不能满足社会多元化的需求"的现状，在这种情况下，加强科普能力建设，加强科普资源的共建共享就非常有必要。而长期以来相关部门利益诉求不一致，科普资源共建共享的机制不健全是科普资源共建共享所面临的困境。北京科普资源联盟的成立打破了这种困境，对建立科普资源共建共享常态化的机制，实现科普服务能力的可持续发展具有重要的意义。此外，建立联盟也是文化大发展大繁荣的要求。中央已经部署深化文化体制改革，推动社会主义文化大发展大繁荣。科学文化的普及和提高全民科学素质也是这项事业的重要内容。充分利用国家的科普优惠政策，有效地弥补国家公益科普的不足，鼓励企业和社会力量参与和投入到科普事业中，使公益性科普事业与经营性科普产业有机地结合起来，有利于形成多渠道筹集科普经费的新格局。所以，北京科普资源联盟的成立正是适应这种发展趋势的一个积极的探索，也是契合文化大发展大繁荣要求的一个范例。

（二）宗旨和职能

北京科普资源联盟（以下简称"联盟"）是北京市科学技术协会（以下称"北京市科协"）牵头发起，联合科学传播相关领域的社会各界力量，自愿结成的非法人实体的公益性社会组织。"联盟"于2011年12月成立，包含博物馆、传媒机构、研究院所、学协会、基金会和企业等18家单位。"联盟"成立的目的是在贯彻执行《中华人民共和国科学技术普及法》，实施《全民科学素质行动计划纲要》的前提下，团结北京地区科学传播领域内的相关机构，从科普资源的社会需求出发，开发、整合、利用科普资源，构建科普资源共建共享平台，为社会提供科普资源的优质服务；探索运用市场机制大幅度提升北京地区科普产品和科普项目的数量和质量，培育一批具有自主知识产权的科普企业和科普项目，促进形成具有较强竞争力的科普产业集群，推动公益性科普事业和经营性科普产业共同发展，不断提升全民科学文化素质。

"联盟"的职能如下：

（1）科普资源研发。针对北京地区科普资源数量、质量、形式有待进一步提高的发展现状，利用联盟成员自有资源、专家委员会智力优势及北京科普资源共享服务平台的技术优势，为科普资源研发者提供科普产品、科普信息和科普作品等服务。

（2）科普资源、信息推介。利用北京科普资源共享服务平台为科普工作者和社会公众提供相关时讯及公益科普信息，为传播科学知识、提高公民科学素质服务。同时，利用联盟中媒体成员单位的宣传渠道，为联盟成员推荐优质科普资源。

（3）科普资源集成、共享。利用网络"科普超市"，广泛汇聚科普资源，通过设置特色店铺，为联盟成员提供一个资源展示交易平台，实现科普资源共建共享。

（4）科普工作指导、建议。利用北京市科协及各专家委员会的优势，结合现有的相关活动、相关会议和其他科普活动，以联盟名义提出倡议、指导性意见和建议。

（三）工作机制和方式

北京科普资源联盟是自愿结成的非法人实体的公益性社会组织，它的良性运转，离不开行之有效的工作方式与机制。其运行机制如下：

（1）建立在互信互利基础上的交流与信息沟通机制。主要以"联盟"成员单位的科普、学术活动为依托，根据年度重大科普活动主题，开展专题研讨和交流活动。

（2）建立在制度基础上的科普资源成果共享机制。以"科普资源共享服务平台"（www.kpzy.org）作为"联盟"的门户网站，定期发布"联盟"动态、推广"联盟"成员资源，宣传"联盟"活动。依托网络"科普超市"（kpcs.org.cn），实现"联盟"成员科普资源的集中展示、推广。

（3）在有条件的成员单位推进北京科普资源网格骨干节点建设工作。目前，已经在3家"联盟"成员单位落实了骨干节点，共享科普资源千余件。以市科协牵头，协助各节点单位或节点上级单位争取立项，共同为北京科普资源骨干节点建设提供资金保障，实现了资源共享的新模式。

（4）建立在目标明确基础上的科普资源战略协同机制。不定期举行"联盟"会议，成立相关专业子联盟；结合科普专项工作的推进，使科普资源供应方和需求方直接对接，建立便捷的沟通、交易渠道，开拓科普资源共享的社会化局面。

北京科普资源联盟就是要通过搭建工作平台，形成社会化科普工作格局。充分发挥科普场馆、基地的资源优势；发挥科研单位的调查研究和评价指导优势；发挥科普产品生产企业的技术应用与产品开发优势；发挥传媒机构的媒介资源优势，有效利用科普资源并加以共享。"联盟"内部通过成立若干子联盟推进具体工作的实施，已经成立和将要成立的子联盟包括：

（1）北京科普场馆联盟。北京科普场馆联盟是 2012 年 12 月由北京科普资源联盟设立的子联盟，受北京科普资源联盟的管理，加入科普场馆联盟的单位自动成为北京科普资源联盟的成员单位。科普场馆联盟成立的宗旨是：充分利用北京地区众多科普场馆优秀丰富的科普资源，调动各科普场馆积极性，对科普场馆活动提供理论支撑及实践指导；团结联系北京地区科普场馆单位及该领域相关的专家学者和一线工作人员，构建科普场馆资源共建共享平台；推动科普场馆建设与运行的理论和实践进步，促进科普场馆为社会提供更加优质的服务。目前，科普场馆联盟由北京自然博物馆牵头，并由中国科学技术馆、中国人民革命军事博物馆、中国电影博物馆、北京天文馆、索尼探梦科技馆等十几家单位联合开展工作。

科普场馆联盟的职责是：

1）以联盟为依托，建立健全科普场馆资源共享制度，不断提升资源和信息的共享度。

2）研究科普场馆运维的创新思路，为场馆管理水平的提高提出建议和对策。制定科普场馆发展规划，为科普场馆建设及运营提供指导和咨询。

3）立足科学普及事业，为科普场馆建设与发展培养所需的人才。

4）不定期组织研讨会、论坛，为各科普场馆搭建资源共享、业务交流、提升人脉关系的平台。

（2）北京科普产业联盟。北京科普产业联盟是针对现阶段北京科普资源和产品市场需求量大的现状，为了充分整合北京地区科普企业的创意资源、产品资源，有效地与科普需求形成对接。该联盟是北京科普资源联盟的子联盟，接受北京科普资源联盟的管理。北京科普产业联盟成立的宗旨是：进一步探索公益性科普事业和经营性科普产业有机结合的新途径，团结和凝聚相关科普企业，发挥组织、协调、服务的作用，针对北京地区科普企业规模偏小和相对松散等行业现状，致力于优化产业格局、培育产品市场、提升企业信誉、反映行业诉求，共同推动科普产业的健康、快速发展。

科普产业联盟的主要职责是：

1）根据企业和科普工作的需求搭建一个平台，使科普产品上下游配套紧密衔接，推动建立产业体系。

2）科普超市作为网络上的一个平台应该加以充分利用，使线上交易和线下交易相结合。

3）针对目前科普产品生产企业中小微企业居多的情况，努力争取更多的优惠政策支持，结合社会和公众的科普需求，逐步扩大产业的规模。

4）逐步对科普企业进行细分，探讨建立科普产品标准，促进北京地区科普产业的发展，增强北京地区科普服务能力。

（3）北京科普研发联盟。北京科普研发联盟是北京科普资源联盟的子联盟，接受北京科普资源联盟的管理。该联盟成立的目的是发挥北京地区各级科普教育基地、科研院所、国家科技基础设施平台和学协会众多的优势，调动这些社会力量参与科普创作和科普资源开发的热情，培育和壮大一批科普资源开发基地，建立将科学技术研究开发的新成果及时转化为科普资源的机制，推动科研和科普的有机结合。

（四）初步成效及今后工作思路

北京科普资源联盟开展工作一年来，并没有成熟的经验可以借鉴，很多工作还是在摸索中进行。2012 年，成员单位之间开始资源共享的初步尝试，方式和方法都有所创新。联盟内部开始了互相走访，举办了若干学术和业务交流活动；建立了信息上报和发布制度；联盟场馆在西单科普画廊共同策划举办了雷锋事迹展，收到良好效果；联盟企业成员单位参加了在安徽芜湖举办的第五届中国科普产品博览交易会，为吸引更多的科普产品生产企业加入联盟打下了基础。此外，北京科普资源联盟-科普场馆联盟于 2012 年 12 月 13 日在中国电影博物馆举行的联盟工作交流会上正式成立。由北京自然博物馆等 15 家科普场馆组成。至此，北京科普资源联盟成员单位达到 27 家。

今后要继续探索联盟工作机制的创新，进一步完善首都社会化科普工作格局。一是联盟还要继续扩大组织规模，要成立若干子联盟，如科普产业联盟，研究机构联盟等等，将工作不断细化。二是联盟要进一步发挥桥梁纽带作用，扩大资源共享范围，具体结合北京市社区科普益民等科普专项工作的推进，使科普供给和需求直接对接。三是给科普产品生产企业提供服务和产品需求信息，建立科普产品专业交易平台，促进科普产业的发展。

第三节　北京市科普资源共享机制建设的主要成效

一、科普工作社会化大格局初步形成

近年来，北京市充分整合首都科普优质资源，调动多种社会力量以多种形式和手段纷纷加入科学传播领域，逐步形成了以政府为主导，相关单位及社会力量广泛参与的科普工作社会化大格局。

1996年，北京市成立科普工作联席会议，负责指导和协调全市性的科普活动。目前，北京市科普工作联席会议成员单位已有43家。联席会议充分发挥了在北京科普工作中的组织领导、统筹协调和督促检查作用，并会同其他部门、委办局和社会团体，共同推进北京市的科普工作。

1998年，《北京市科学技术普及条例》颁布，此后，《北京市科普基地命名暂行办法》、《关于加强北京市科普能力建设的实施意见》、《北京市"十二五"时期科技北京发展建设规划》、《北京"十二五"科学技术普及发展规划纲要》等政策法规先后出台，为北京市科普工作社会化提供了有力支持和保障。

2006年，《科学素质纲要》颁布后，市委、市政府高度重视本市的贯彻落实工作，特申请批准成立"北京市全民科学素质工作领导小组"，领导小组的主要职责是：负责对《科学素质纲要》实施工作进行领导和协调；研究制定促进《科学素质纲要》实施工作的重大政策措施；协调解决实施中有关重大问题；督促检查各区县、各部门的实施工作。

　　总之，北京市科普工作统筹协调机制初步形成。市委、市政府不断加强政策引导，完善科普表彰、科普管理、统计评价等相关机制，并按照"政府引导、社会参与、多元投入、注重实效"的工作方针，注重资源配置，强化部门联动，充分引导社会力量投入科普事业，为北京市科普工作的开展提供了坚实的制度保障，直接促进了政府推动、多元投入的科普活动在全市蓬勃开展。

　　"十一五"期间，北京市共命名183家市级科普基地，成立了国内首家科普基地联盟，并大力支持和积极引导一批企业、高校、科研院所和社会组织参与科普，形成全社会共同推动科普工作的良好局面。

二、主题科普活动广泛而扎实开展

　　在北京市科委、市科协的主导下，在相关单位及社会力量广泛参与下，科普讲座、科普展览、科普宣传三项科普活动广泛而扎实地开展。"十一五"期间，全市围绕北京奥运会、新中国成立60周年等重大事件及市委市政府确定的中心工作，针对公众对重点领域、重要科学问题的科普需求，精心组织了丰富多彩的科普活动。全市每年举办以"北京科技周"、"北京社科普及周"2个经典科普活动、北京市学生科技节等8个受众型科普活动以及"5·18博物馆日"等10个行业型科普活动为代表的市级科普活动500多项，年参与人数达千万人次；活动覆盖不同人群、多个行业和全年12个月，形成了"行行有科普，月月有科普"的良好局面。这些科普活动的广泛开展，既促进了科普知识的传播和科学方法的普及，激发了公众的科普热情，又扩大了优质科普资源的共建共享的层面。

三、科普资源共享长效工作机制逐步建立

　　"北京市科普工作联席会议"和"北京市全民科学素质工作领导小组"的成立，推动了北京科普资源共享的统筹协调机制的形成。北京科普资源联盟的建立及良性运转，创新了科普资源共享的工作机制和渠道。市委、市政府不断加强政策引导，完善科普表彰、科普管理、统计评价等相关机制，并按照"政府引导、社会参与、多

元投入、注重实效"的工作方针，注重资源配置，强化部门联动，充分引导社会力量投入科普事业，为北京市科普资源的共建共享工作的开展提供了坚实的制度保障，直接促进了政府推动、多元投入的科普活动在全市蓬勃开展。总之，北京市科普资源共享的长效工作机制正在逐步建立和完善。

四、科普资源共享技术服务平台开通运行

北京科普资源共享服务平台经过近半年的上线试运行，于2012年5月，在北京科技周期间完成了平台正式上线。该平台的开通运行，为加强科普资源共享开辟了技术服务平台，探索出一条北京科普资源网格节点建设和管理新模式，实现了中国科协、北京市科协、区县科协三级科普资源的共享。

2012年为增加北京科普资源共享服务平台中网络科普超市特色店铺数量，丰富网站科普资源，重点通过科技周、科普日、科普嘉年华等大型科普活动吸纳优秀科普资源加入超市，并加大网站宣传力度，扩大网站影响力，2012年特色店铺数量由2011年的60家增加到110家，为广大科技工作者、科普爱好者提供了丰富的科普资源和产品。

根据2012年北京科普资源骨干节点三级资源共享建设经验，2013年，市科协计划重点加强区县科协骨干节点的建设工作，同时加强与北京科普资源联盟成员单位合作，积极建设联盟成员单位科普资源骨干节点，为联盟资源共享提供技术支撑和服务。

第四节 北京市科普资源共享机制
建设的政策建议

一、科普资源共享机制建设的基本思路

（一）科协科普资源共享机制建设的基本原则

根据《中国科协科普资源共建共享工作方案》关于科普资源共

建共享的原则，结合北京科普工作的实际，科普资源共建共享机制建设，必须坚持以下原则：

（1）以人为本、全面适应首都发展需要的原则。科普资源共享机制建设，必须坚持以人为本、全面适应建设"人文北京、科技北京、绿色北京"的发展要求，提高公民科学素质，支撑首都自主创新能力提升。

（2）政府主导、社会力量广泛参与的原则。以建设"政府与社会互动"的科普管理体制和运行机制为基本目标，以共建开发机制、集成机制和服务机制为落脚点，把科普融入科技创新、先进文化建设，突出重点，分阶段推进，形成政府主导，企业、媒体、公众等主要社会力量广泛参与的互动高效、竞争有序的科普管理和运行格局，形成"政府主导，社会广泛动员"的科普资源共建共享体系，从而逐步形成"政府与社会互动"的科普资源共建共享体系格局。借鉴国外建立政府科普基金支持和项目支持的制度，支持科协等社会团体、科研机构、学校、媒体和社会各界开展科普工作。

（3）统筹规划原则。基于科普资源宽泛、多层次、呈多元化的属性，科普资源共建共享强调整体规划，统一标准，长远目标与短期目标相结合，稳步推进科普资源共建共享工作。

（二）科普资源共享机制建设的基本思路

根据中国科协科普资源共建共享机制建设的基本思路，北京科普资源共享机制建设的基本思路为：要实现科普资源的总量有较大增加、资源种类的结构较为合理、资源开发水平显著提升，为公众、科普工作者和大众传媒提供科普资源服务的能力明显提高，从而为北京公民科学素质建设工作提供强有力的资源支撑的发展目标，就必须加快科普资源的共建共享步伐，实现科普基础设施的建设和发展同正规教育系统科普资源加强协作联系，要突破思维局限，形成"大科普"的概念；要主动走出去与教育系统、新闻传媒系统、科研院所等单位联合与合作。

具体思路一是科普工作的目标要凸现出经济发展目标、生活健康目标、精神文化目标、民主参政目标，直至国家长远战略目标等。二是扩展科普主体，使之包括科学共同体、大众传媒、教育机构、政府部门、企业、社会团体，甚至公众等。三是建立多元化的科普投入渠道，建立社会化大协作机制。四是科普工作要注重在科学技术与社会大众之间建立平等、协商、互信的关系，协调科技与社会的共同发展，促进形成现代科技与当代社会之间的良性互动关系，确保科学技术造福于人类。

二、科普资源共享机制建设的政策建议

（一）建立北京科普资源联盟单位协调管理与集成整合机制

建立健全科普资源联盟单位协调管理机制，首先，必须建立和完善北京科普资源联盟的工作机制，明确联盟及各联盟单位的职责，将联盟的工作制度化，确保联盟工作的顺利开展，促进联盟单位科普资源共用、科普活动共促、科普成效共享。其次，建立由北京科普资源联盟和子联盟两个层次的管理协调机构，明晰各管理协调机构的功能与职责，各层次管理协调机构根据其功能和职责按管理权限去协调其子联盟内部不同主体的利益关系，提高科普资源共享调控能力。

此外，加强联盟单位信息沟通的对接，加强资源的集成整合机制也是非常必要的。

（二）建立北京科普资源联盟的良性运转机制

北京科普资源联盟要顺畅运行，必须建立一系列行之有效的制度，尤其要建立一种众多科普资源拥有者参与的对科普资源共同建设和相互提供利用的机制。机制设计应遵循"知→行"的过程，所谓"知"就是要做足基础工作，要充分了解成员单位的基本状况、拥有的资源特征、单位性质和运行特点，更重要的是要了解它们参与科普资源联盟的利益诉求以及它们在联盟中的角色定位（或者说是能干什么），才能有效地设计出可行的运行机制。针对目前北京科

普资源联盟现状，应通过以下工作方式或机制来加强联盟的良性运转：

（1）建设和完善"北京科普资源共享服务平台"。决定一个网站浏览量和影响力的一个决定性因素是信息的更新频率。因此，信息的采集更新是这个平台建设成功与否的关键。目前，该平台的信息量还远远不能满足需求。应加强定期更新，做到信息丰富，包括联盟资源信息、联盟活动信息、成员单位工作信息、成员单位活动信息、与公众的互动信息等，吸引社会公众及各成员单位人员浏览。中国科技资源共享网、上海科普资源开发与共享平台等网站都可以作为借鉴。

（2）建立联盟成员间信息交互通道。包括成员单位资源信息和工作信息、科普资源相关活动信息定期报送制度，联盟工作简报制度，定期工作例会制度。这些制度的确立目的在于让成员单位相互了解工作动态，为进一步的沟通合作提供资讯。

（3）建立联盟成员单位学术交流制度，定期研讨科普资源领域的新动态、新发展及开发与共享好的经验措施；推动社会急需的精品资源的合作开发；以科普活动和大众传媒为媒介，推动资源的使用；树立公共意识，强化公共宣传；强化基础性工作，如科普资源需求调研、科普资源产业发展、科普资源发展趋势等理论研究。

（4）谨慎考虑联盟的发展扩大。慎重选择共享主体，不要贪大求全，注重共享实效。联盟成员不在于多而在于精，联盟成立的目的不是为了网罗大量的单位加入联盟，而是为了将有共同科普需求的主体联合在一起，更有效的搭建科普资源共享平台，提高资源利用率，实现科普资源开发与共享的优势互补。同时，借助整体优势提高联盟成员知名度和影响力，争取更高层次的国际合作。

（5）建立健全北京科普产业联盟运行机制，鼓励社会资本大力发展经营性科普产业。北京市科普产业联盟为社会资本参与科普事业提供了平台，但由于平台仍处于建设初期，其运行效果还在探索之中。因此，要根据科普产业联盟的服务宗旨，明确各联盟单位的权益与职责，不断探索行之有效的科普产业联盟管理和运行机制，鼓励并指导企业开展经营性的科普产业，使科普产业向规模化、集群化方向发展，并逐步走出国门，实现国际化。

（三）推行利益共享与成本分摊相结合的机制

建立科普资源共建共享机制，就是要通过对科普资源所有者、占有者、科普资源需求与使用者的利益调整，尊重、平衡资源所有者、经营者与使用者的利益，建立资源利益分配制度，保障资源共享各方的合法权益，在降低资源共享的交易成本基础上，提高共享效率。因此，要使科普资源共享能够形成良性循环，就必须大力推行利益共享与成本分摊相结合的机制。

利益平衡机制是使一个经济系统保持长久生命力的源泉。科普资源共享应该遵循"谁贡献谁受益"基本原则，以此可以体现公平性，也可以通过奖励、实施优惠政策等手段，形成一个投入、贡献与所获利益平衡的机制，调动各成员单位参与科普资源共享的积极性。为此，要理清不同共享主体的利益诉求，针对不同特点采取不同正激励措施，保证利益共享。对于科研院所和高等院校这样的社会团体，其对荣誉的需求高于资金支持，所以对于其参与共享时应该设立相关社会奖项，授予荣誉称号，满足其荣誉诉求以期激励其资源提供；对于科普产业及企业这样的机构，其利益诉求更多的来源于资金需求，对于其参与共享激励应该集中于税收激励、政策扶持等方面。

为了保持这种共享联盟的有效运行，成本分摊也是一个需要解决的重要问题。只有建立运行成本分摊机制，实现了合理的成本分摊，各共享主体的共建、共享合作才能受到激励，科普资源共享联盟才会持续发展。

运行成本分摊机制的核心是建立资源产权分解制度。依照版权拥有者提供共享的情况，科普资源可以划分为以下几类：提供完全共享——成员单位间可以免费复制使用；提供部分共享——免费提供浏览、签署协议后方可复制使用；有条件共享——需付一定费用方可浏览、复制使用；不能复制——仅能浏览，但不可复制使用。

拥有不同科普资源的社会团体组成共享联盟，这些社会团体分别隶属于不同的系统，科普资源共享联盟提供一定数量的科普产品所产生的总成本如何在各成员之间进行分摊，如何形成合作博弈。必须通过制定相应法规或根据国家有关法律明晰科普资源的产权主体，解决科技条件资源的归属问题，确立科技条件资源的共享地位以及成本分摊责任，形成成本分摊机理。按照兼顾效率与公益性，通过公平的成本分担制度来实现科普资源共建共享的协调有序运行。

（四）健全绩效考核与共享监管相结合的机制

对共享项目、共享过程、共享结果进行考核、监管及评价，是实现科普资源共享目标的基本保障，也是科普资源共享机制创新的一个重要方面。为此，要健全绩效考核与共享监管相结合机制，一是建立科普资源共享监测评估指标体系。依据评估指标体系共享项目、共享过程、共享结果进行考核、监管及评价。共享项目评估是一种事前评估和监管，共享过程评估是对科普资源共享方案实施的过程进行全面考核，共享结果评估是对实际产生效果的全绩效考核，是一种事后评估和监管。目的在于对进一步建立更高效的共享联盟提供建议。为了保证评估的独立性、客观性、公正性，可以导入第三方评估。二是建立北京市公众科学素养监测网，完善对北京公众科学素养监测工作及对科普工作的评价。通过监测网开展监测活动，及时掌握公众科学素养和科普能力建设的状况。同时，通过监测网吸收社会、媒体和公众对科普工作的评价与监督。三是大力开展科普奖励活动，激发科普人员的工作热情。可以通过设立奖项，表彰先进，调动科研院所、大专院校、企业等参与科普工作的积极性；也可以对优秀的科普资源给予一定奖励和推荐。

（五）构建开发、转化与更新、维护相结合的机制

建立科普开发激励机制，继续实施科普资助项目，调动科普人员进行科普资源开发的积极性，让全社会都来重视科普研究。科普

资源开发应根据科普需求来进行，开发应反映最新的科技成果和动向。科普资源开发可以采用有针对性的委托开发、通过资助和奖励促进开发、通过大赛促进开发等形式，实行专题开发与综合开发相结合、零星开发与集成开发相结合、国家组织开发与社会力量开发相结合的方法，支持有关学会、社会组织、企事业单位开展科普资源开发工作。

充分挖掘科普资源存量，以开放科普资源来推动科普资源建设。对于已形成的优质科普资源，采用购买的方式实现集成。转变科普资源建设的思路，从"投入带动型"向"需求拉动型"转变，用增量激活存量，提高科普投入的效益，通过与各种资源提供者建立接口关系，采用命名、授予证书、资源互换等激励措施集成资源。还可以有计划地引进国外优质的科普资源，在引进的基础上，通过消化吸收和再创作，提高我国科普资源开发水平。

对优秀的科普资源给予一定奖励和推荐。以择优资助的方式，在科普出版社设立优秀科普出版创作专项经费，扶持优秀原创和引进作品，发展公益性出版事业。支持"北京市优秀科普作品奖"的评选。继续开展优秀科普作品推介活动。通过有关学会和报刊、互联网等媒介宣传优秀科普作品。建议在政府奖励和社会奖励中增加科普作品奖励的比例和数量，鼓励科学家、科技工作者、文艺工作者和大众传媒参与科普创作。同时建立高等院校、科研院所和企业进行科普开发的责任机制。

在全社会培植一种观念，即科学普及与科技研究同等重要的观念，让全社会都来重视科学普及。在科普经费中划出一块作为科普资源更新与维护专项经费，并建立随着科普经费的增加而保持科普资源更新、维护专项经费的正常增长机制，从而使科普资源更新、维护工作落到实处。

（六）健全政府主导与社会参与相结合的多元投入机制

《科普法》第四条规定："科普是公益事业，是社会主义物质文明和精神文明的重要内容。发展科普事业是国家的长期任务。"科普工作的公益性事业身份，决定了我国政府在科普事业中不可推卸的义务和责任。政府引导或主导科普工作是推进科普工作的基本保障，但科普是广泛的长期的任务，政府又不能包揽科普工作，必须通过市场运作来动员社会力量参与科普资源的共建共享。《科普法》也有明确规定，除政府外其他单位和个人也有促进科普发展的义务，如《科普法》第十九条规定："企业应当结合技术创新和职工技能培训开展科普活动，有条件的可以设立向公众开放的科普场馆和设施。"这里明确了企业发展科普事业的责任。企业是科普与科技进步的最大受益者，应该充分重视科普在企业人力资源开发、产品市场开拓和企业文化建设中的重要作用，大力开展科普活动。因此，建立和完善政府引导与市场运作相结合的机制显得尤为重要。为此，针对北京科普工作现状，应通过立法、经济政策等动员社会力量共建科普资源。

《科普法》已经明确规定了鼓励社会资源投入科普事业，《科普法》第二十五条规定，国家支持科普工作，依法对科普事业实行税收优惠，能够调动公众参与科普的积极性；第二十六条规定，国家鼓励境内外的社会组织和个人设立科普基金，用于资助科普事业，能够吸引公众参与科普建设；第二十七条规定，国家鼓励境内外的社会组织和个人捐赠财产资助科普事业，对捐赠财产用于科普事业或者投资建设科普场馆、设施的，依法给予优惠，能够保证科普资金落到实处。这些政策的目的都是以政府的支持为催化剂，通过各种优惠政策，吸引更多的社会力量共同发展科普事业。西方发达国家的科普经费来源除了政府财政拨款、科技团体等渠道外，企业、基金会、其他单位或个人出资赞助也是一个重要渠道。如美国的自然科学基金会（NSF）声明，它仅为科普场馆开展的科普项目和科普活动提供部分经费，支持强度视项目和活动的范围及性质而定，其余经费由项目机构从其他渠道获取。可见发达国家社会资本占科普经费投入相当大的部分。

因此，北京市应出台具有可操作性的法规和政策，包括各种减免税收、专项奖励等优惠政策，鼓励企业事业单位、社会团体、个人支持科普事业发展，变以往政府单打独斗为联合各个单位及个人共同构建科普资源。对于民办非营利性科普场馆应该给予公益性科普事业机构享有的同等待遇，在建设用地和税收等方面给予优惠；通过建立表彰社会力量发展科普事业的专项奖励制度，调动社会力量参与科普的积极性。对于社会团体或个人积极投入经费、参与建设的给予荣誉或专项基金奖励。另一方面，如前所述，在西方发达国家，各种基金会是吸收社会资金的主要渠道，北京市也必须吸收国外经验，充分发挥基金会的作用，广泛筹集各种社会资本促进科普事业繁荣发展。

参 考 文 献

[1] 任定成.《全民科学素质行动计划纲要》解读[J]. 科普研究，2006，1
    (1)：19~23.

[2] 刘兵，江洋. 日本公众理解科学实践的一个案例[J]. 科普研究，2006，1
    (4)：41~46.

[3] 金森修，中岛秀人. 科学论的现在[M]. 东京：劲草书房，2002.

[4] 李元. 中国的科学普及工作[J]. 科普研究，1997(4)：21~26.

[5] 何薇，张超，高宏斌. 中国公民的科学素质及对科学技术的态度[J]. 科普
    研究，2008，6(3)：8~37.

[6] 中国公众科学素养调查课题组. 2003中国公众科学素养调查报告[M]. 北
    京：科学普及出版社，2003.

[7] 全民科学素质行动计划纲要[M]. 北京：人民出版社，2006.

[8] 李永威. 关于科普、科学和科学素养[J]. 清华大学学报(哲学社会科学
    版)，2004，19(1)：88~93.

[9] 李冬梅，李石柱，唐五湘. 我国区域科技资源配置效率情况评价[J]. 北京
    机械工业学院学报，2003(1)：50~55.

[10] 蒋和平. 农业科技园的建设理论与模式探索[M]. 北京：气象出版
     社，2002.

[11] 邓楠. 世界农业科技现状与趋势[M]. 北京：中国林业出版社，2003.

[12] 范里安. 微观经济学：现代观点[M]. 上海：三联出版社，2003.

[13] 郑念. 科普资源建设的基础理论框架研究[J]. 科普资源建设理论与实践
     成果论文集，2007(2)：19~48.

[14] 霍明远. 资源科学的内涵与发展[J]. 资源科学，1998(2)：11~16.

[15] 洪耀明. 科普资源的分类、开发及其他[M]. 第15届全国科普理论研讨
     会文集. 北京：科学普及出版社，2008.

[16] 中国科协. 中国科协科普资源共建共享工作方案[M]. 北京：科学普及出
     版社，2008.

[17] 邓帆. 国外科普管理体制和运行体制的状况分析[M]. 北京：科学普及出
     版社，2004.

[18] 钱雪元. 美国的科技博物馆和科学教育[J]. 科普研究，2007，4(2)：
     21~28.

[19] 莫阳，孙昊牧，曾琴. 科普资源共享基础理论初探[J]. 科普研究，2008，
     5(4)：23~28.

[20] 刘强，甘仞初．政府信息资源共享机制的研究[M]．北京：北京理工大学出版社，2005.

[21] 程焕文，潘燕桃．信息资源共享[M]．北京：高等教育出版社，2004.

[22] 高波．文献信息资源共建共享模式新论[J]．中国图书馆学报，2006(6)：25～28.

[23] 王东升，卢克建．图示信息资源共享模式研究——信息资源共享理论反思[J]．南开大学学报(社会科学版)，2005，6(2)：113～116.

[24] 高波．网络时代的资源共享[M]．北京：北京图书出版社，2003.

[25] 朱丽兰．中华人民共和国科学技术普及法释义[M]．北京：科学普及出版社，2002.

[26] 中国主要科技指标数据库．http：//www.sts.org.cn/kjnew/maintitle/maintitle.htm.

[27] 中华人民共和国科学技术部政策法规与体制改革司．中国科普统计[M]．北京：中国科技出版社，2008.

[28] 周荣庭，黄琨．科普产品的数字化创新[J]．科普研究，2008，5(6)：33～37.

[29] 中国科普研究所．2008中国科普报告[M]．北京：科学普及出版社，2008.

[30] 黄牡丽．论网络社会科普方式的转变[J]．广西大学学报（哲学社会科学版），2002，24(4)：15～17.

[31] 周荣庭．网络出版[M]．北京：科学出版社，2004.

[32] 于维生．博弈论与经济[M]．北京：高等教育出版社，2007.

[33] 徐向阳，安景文，等．多人合作费用分摊的有效解法及其应用[J]．系统工程理论与实践，2000，3(3)：116～120.

[34] 陈文颖．大气污染总量控制规划方法与智能决策支持系统[D]．北京：清华大学博士学位论文，1996.

[35] 魏权龄．评价相对有效性的DEA方法——运筹学的新领域[M]．北京：中国人民大学出版社，1988.

[36] 孙巍，叶正波．转轨时期中国工业的效率与生产率——动态非参数生产前沿面理论及其应用[J]．中国管理科学，2002，10(4)：1～6.

[37] 崔鸥晔．数据包络分析(DEA)模型及其在绩效评价中的应用综述[J]．科学技术与工程，2008，8(7)：1735～1740.

[38] 张凌．基于DEA的企业技术创新项目评价与决策方法研究[D]．哈尔滨工程大学博士学位论文，2005.

[39] 韩勇，谭忠富. 合作博弈方法在输电费用分配中的应用[J]. 华北电力大学学报，2004，31(1)：73~76.

[40] 彭建春，江辉. 基于两步联盟博弈的输电网损耗分配方法[J]. 中国电机工程学报，2005，25(4)：57~63.

[41] 胡朝阳，甘德强. 联营电力市场结算盈余的分摊研究[J]. 电力系统及其自动化学报，2005，17(1)：10~14.

[42] 卢少华. 虚拟企业联盟的利益分配博弈[J]. 管理工程学报，2004，18(3)：65~68.

[43] 简晓军. 科普资源共建共享的对策建议[J]. 科普论坛，2010，(12)：47~48.

[44] 危怀安. 中国科协科普资源共建共享机制研究[J]. 科协论坛，2012，(4)：43~45.

[45] Science Shops-knowledge for the Community[M]. European Commission, Luxembourg: Office for Official Publications of the European Communities, 2003.

[46] Moses Abramowitz. The search of the sources of growth: area of ignorance, old and new, Journal of Economic History[J]. 1998(2), 217-243.

[47] An Invisible Infrastructure: Institutions of Informal Science Education [M]. Volume 1. Inverness Research Associates, 1996.

[48] ISIs and Schools: A Landscape Study [EB/OL]. http://www. exploratorium. edu/cils/landscape/index. html.

[49] Young H P, et al. Cost allocation in water resources development [J]. Water Resources Research, 1982, 18(3): 463-475.

[50] Tijs S N, Driessen T S H. Game theory and cost allocation problems [J]. Management Science, 1986, 32(8): 1015-1028.

[51] Littlechild G Owen. A simple expression for the Shapley value in a special case [J]. Management Science, 1973, 20: 370-372.

[52] Alberto Castano Pardo, Alberto Garcia Diaz. Highway Cost Allocation: an Application of the Theory of Nonatomic Games [J]. Transpn. Res. -A, 1995, 29A(3): 187-203.

[53] H Peyton Young. Cost allocation, demand revelation, and core implementation [J]. Mathematical Social Sciences, 1998, 36: 213-228.

[54] Cook W D, Kress M. Characterizing an equitable allocation of shared costs: a DEA approach [J]. European Journal of Operational Research, 1999, (119): 652-661.

[55] A Chames, W W CooPer, E Rhodes. Measuring the efficiency of design making units[J]. EuroPean Journal of Operational Research, 1978, 6(2): 429-444.

[56] Sherman Gold. Banking branch operating efficiency: Evaluation with Data Envelopment Analysis [J]. Joumal of Banking and Finance, 1985, (2): 297-315.

[57] Berger A N, Haiman T H. Using efficiency measures to distinguish among alternative explanations of the structure-performance relationship in banking[J]. Finance and Economics Discussion, 1993, (93): 18.

[58] Lewis H F, Sexton T R. Network DEA: efficiency analysis of organizations with complex internal structure [J]. Computers and Operations Research, 2004, 31 (9): 1365-1410.

[59] Henk Norde, Vito Fragnelli. Balancedness of infrastructure cost games[J]. European Journal of Operational Research, 2002, 136: 635-654.

[60] Nobuo Matsubayashi, Masashi Umezawa, Yasushi Masuda, Hisakazu Nishino. A cost allocation problem arising in hub-spoke network systems[J]. European Journal of Operational Research, 2005, 160: 821-838.

[61] D Lee. Game-theoretic procedures for determining pavement thickness and traffic lane costs in highway cost allocation [D]. Thesis, Texas A&M University, 2002.

[62] Shapley L S, Shubik. A method for evaluating the distribution of power in committee system[J]. The American Political Science Review, 1954, 48: 787-792.

[63] P A Kattuman, R J Green, J W Bialek. Allocation electricity transmission costs through tracing: a game-theoretic rationale [J]. Operations Research Letters, 2004, 32: 114-120.

[64] N X Jia, R Yokoyama. Profit allocation of independent power producers based on cooperative Game theory[J]. Electrical Power and Energy Systems, 2003, 25: 633-641.

[65] Ge Erli, Kazuhiro Takahasia, Luonan Chenb, Ikuo Kuriharaa. Transmission expansion cost allocation based on cooperative game theory for congestion relief [J]. Electrical Power and Energy Systems, 2005, 27: 61-67.

[66] Delberis A Limaa, Javier Contreras, Antonio Padilha-Feltrin. A cooperative game theory analysis for transmission loss allocation[J]. Electric Power Systems Research, 2008, 78: 264-275.

[67] Kenneth Preiss, Steven L Goldman, Roger N Nagel. 21st Century manufacruring enterprises strategy: an industry-led view. Iacocca Institute[M]. Lehigh Uni-

versity, 1991.

[68] Iyer A V, Bergen M E. Quick response in virtual enterprise[J]. Management Science, 1997, 43: 559-570.

[69] Christy D P, Grout J R. Research on prompt virtual enterprise based on game theory[J]. 1998, 36: 233-242.

[70] Szmidt E, Kacprzyk J. Remarks on some applications of intuitionistic fuzzy sets in decision making[J]. Notes on IFS, 1996, 2: 15-32.

[71] Szmidt E, Kacprzyk J. Intuitionistic fuzzy sets for more realistic group decision making[C]. Proceedings of Transitions' 97, Warsaw, Poland, 1997: 430-433.

[72] Atanassov K. More on intuitionistic fuzzy sets[J]. Fuzzy Sets and Systems, 1989, 33: 37-46.

[73] Atanassov K. Remarks on the intuitionistic fuzzy sets Ⅲ [J]. Fuzzy Sets and Systems, 1995, 75: 401-402.

后　记

当前，对于科技资源开发利用方面的理论研究主要集中在科技资源的区域配置等方面，而对于区域内科普资源配置及共享问题的研究，特别是实证方面的研究在国内尚处于起步阶段。本书正是从这个角度，对科普资源配置及共享的理论与实践进行了初步的研究，为科普资源的开发利用提出具有可行性的建议。由于本人水平有限，本书还存在诸多不宜之处，特别是在某些方面还有待今后继续深入研究。

在此书的研究和撰写过程中得到了众多师长、同行及亲友的指导、勉励和帮助。在此，首先要感谢我的导师何维达教授，何老师学识渊博、治学严谨、思想开明、实事求是。我从何老师身上不仅学到了知识，而且领悟到了许多人生的道理。我的心底，怀着对导师深深的敬意和感激。

感谢北京科技大学经济管理学院各位老师对本书的撰写和出版所给予的关心和支持。此外，本书在撰写和完善过程中，中国科普研究所科普资源研究课题组的专家、北京市科学技术情报研究所胥彦玲副研究员、北京科普资源联盟建设研究课题组给予了资料提供等方面的大力支持，在此一并表示感谢。

感谢我的同事们对我的支持和帮助，使我受益良多。

最后，还要感谢我的父亲、母亲、丈夫和女儿以及所有关心我的亲友们，他们的支持和理解，使我能够克服各种困难，完成本书的研究、撰写和出版。

亲人、朋友们一直以来默默无闻的支持和殷殷期望将永远是我前进的动力。

何　丹

2013 年 4 月于北京